中国古玉器鉴定丛书

古方　主编

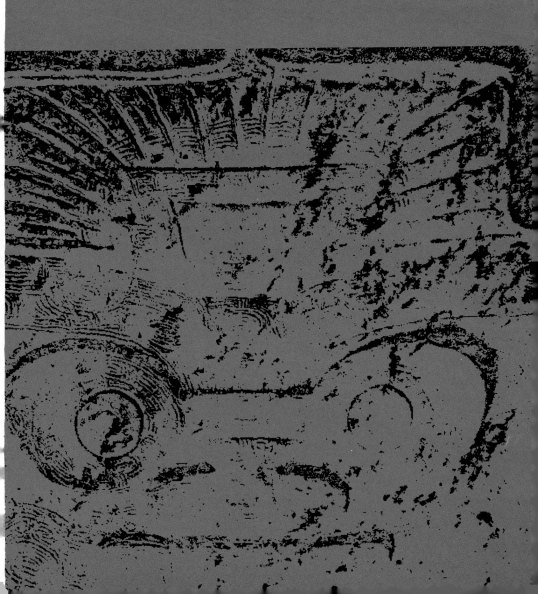

图书在版编目（CIP）数据

古玉的玉料／古方，李红娟编著.—北京：文物出版社，
2009.2（2018.6 重印）
（中国古玉器鉴定丛书）
ISBN 978-7-5010-2415-5

Ⅰ.古... Ⅱ.①古...②李... Ⅲ.古玉器—天然石料—基
本知识 Ⅳ.TS933.21

中国版本图书馆CIP数据核字（2008）第170306号

古玉的玉料

编　　著：古　方　李红娟

责任印制：苏　林
责任编辑：张征雁　徐　旸

出版发行：文物出版社
社　　址：北京市东直门内北小街2号楼
邮　　编：100007
网　　址：http：∥www.wenwu.com
邮　　箱：web@wenwu.com
经　　销：新华书店
制　　版：北京文博利奥印刷有限公司
印　　刷：文物出版社印刷厂
开　　本：154×230毫米　1/32
印　　张：4.25
版　　次：2009年2月第1版
印　　次：2018年6月第2次印刷
书　　号：ISBN 978-7-5010-2415-5
定　　价：66.00元

中国古玉器鉴定丛书

古方　主编

古玉的玉料

古方　李红娟　编著

文物出版社

古玉的玉料

目 录

古代玉料

中国是人类历史上最早用玉的国家之一，同时也是用玉时间绵延最长的国家。考古资料表明，在国内外都发现有新石器时代玉器。中国最早的玉器，出现于内蒙古赤峰敖汉旗兴隆洼文化遗址和辽宁阜新查海文化遗址中，时代距今约8000～7000年。这些玉器是用各种玉石制成的，因此玉石的发现、开掘、利用对人们来说是非常重要的。从古文献来看，中国古代产玉之地相当的多，仅《山海经》记载的玉石产地就达259处之多，但是大多已无踪可寻。从数千年古玉料的来源看，新疆和田、辽宁岫岩、河南南阳独山和陕西蓝田都是中国古代玉料的重要产地。另外，江苏溧阳小梅岭、四川汶川龙溪、台湾花莲所产玉料，以及出产翡翠的缅甸密支那地区，也是中国玉器发展史上某一阶段的玉料产地。玉石质地细腻、色彩美丽，以其绚丽的外观和温润的内质自古就受到人们的重视和推崇。人类在选择、打制、琢磨石器的劳动过程中，逐步认识了这种比石材更美丽的玉石，于是人们将自己的才思和希冀寄托其中，将其制成了精致的生产工具和丰富、美丽的装饰品。由于玉石资源比较稀有，因此人们非常珍视它们。纵观中国古代玉器发展史，人们对玉石的开发和利用无不蕴含着人类无尽的聪明才智。

新石器时期

仰韶文化绿松石饰

新石器时代人类受地理环境和生产工具条件的限制，开采玉料的特点是"就地取材"或"就近取材"，采玉点离生活聚落不远，且开采和运输方便。开采方式主要是在玉矿脉露头处敲击剥离矿石或捡拾已风化剥落的玉料。除透闪石玉料外，当时人们制作玉器还使用了玛瑙、绿松石、青金石、玉髓、琥珀、水晶、萤石等作为原料，各地原始用玉文化在玉材的使用上呈现出鲜明的地方色彩。例如，红山文化玉器原料一般呈黄绿色，产自辽宁岫岩软玉矿；良渚文化玉器中玉质较粗，呈现不均匀斑杂结构的玉料，产自江苏溧阳小梅岭；齐家文化玉器中带褐色圆斑点、不透明的玉料，是产于西北地区的"布丁石"。新石器时代晚期，随着人类活动范围的扩大，各原始文化之间物质交流增多，长距离运输玉料的现象开始出现。玉料的输送并不是由一个部落来完成的，而是由分布在传输路线上的一些原始部落通过转手贸易的形式实现的，而这些原始部落往往也存在用玉的风气。例如，良渚文化玉器中，有一部分呈黄绿色或深绿色，这种玉料不产自当地，而是从辽东半岛的岫岩跨过渤海海峡传输过来的。著名的和田玉是自西向东由齐家文化、新华文化和陶寺文化接力式传入中原的。

中国的玉石产地分布地域广，品种繁杂，蕴量丰富。从出土的古代玉器看，新石器时代的玉料除部分蛇纹石、玛瑙、绿松石外，主要为透闪石质的软玉。当然不同文化区域出现的玉器、所用玉料也各不相同。如辽河流域和辽东半岛的红山文化主要采用岫岩玉，山东龙山文化玉器，多以质地细腻、不透明、光泽温润的长石为原料，良渚文化的玉料主要为透闪石、阳起石、蛇纹石等等。

兴隆洼文化

兴隆洼文化是主要分布于西辽河流域、大凌河流域和燕山南麓等地的新石器时代考古学文化，年代为距今8200～7200年。其玉器材质大部分为透闪石类软玉，极个别为蛇纹石玉类，色泽呈淡绿、黄绿、深绿、淡青、乳白或浅白色。

玉玦 兴隆洼文化
内蒙古自治区敖汉旗兴隆洼
遗址出土
现藏中国社会科学院考古研
究所
玉质绿色

玉匕形器 兴隆洼文化
内蒙古自治区敖汉旗兴隆洼
遗址出土
现藏中国社会科学院考古研
究所
玉质黄绿色

红山文化

红山文化是主要分布于内蒙古东南部、辽宁西部及河北北部地区的新石器时代考古学文化，距今约6500～5000年。从考古发掘及采集看，红山文化玉器的颜色有黄绿色、黄白色、墨绿色、淡蓝色等，材质主要以透闪石为主，另外还有少量的蛇纹石、绿松石、滑石、天河石等。

玉龙 红山文化
内蒙古自治区翁牛特旗三星他拉遗址出土
现藏于中国国家博物馆
玉质墨绿色

玉钩形器 红山文化
内蒙古自治区巴林右旗那斯台遗址出土
现藏巴林右旗博物馆
玉质绿色

双龙首玉璜 红山文化
辽宁省喀左县东山嘴遗址出土
现藏辽宁省文物考古研究所
玉质青白色，微透光

玉镯 红山文化
辽宁省朝阳市牛河梁遗址第
二地点一号冢21号墓出土
现藏辽宁省文物考古研究所
玉质淡绿色

小河沿文化

　　小河沿文化是主要分布于辽河以西，内蒙古昭乌达盟（今赤峰市）境内以及河北北部的新石器时代考古学文化，年代距今约5000～4000年。其玉器材质主要为大理石，另有少量的透闪石、绿松石等。透闪石玉类仅在大南沟墓地的51、65号墓中分别出土有一件玉锛和玉管。

石璧 小河沿文化
内蒙古自治区翁牛特旗大南
沟墓地出土
现藏赤峰市博物馆
石质，灰白色

大汶口文化

　　大汶口文化是黄河下游地区的新石器时代考古学文化，年代距今约6200～4600年左右。其玉器的材质有透闪石、蛇纹石、绿松石、滑石、孔雀石、大理石、叶蜡石、蛋白石、玉髓、煤精等。透闪石玉的运用主要集中在大汶口、野店、花厅、三里河、陵阳河等遗址。

玉铲 大汶口文化晚期
山东省泰安市大汶口墓地出土
现藏山东省博物馆
玉质淡黄色，色泽莹润

龙山文化

　　龙山文化是由大汶口文化发展而来的新石器时代考古学文化。年代距今约4600～4000年左右。其玉器材质有透闪石、大理岩、蛋白石、石英岩、蛇纹石、燧石等，其中以透闪石、大理岩、蛋白石、绿松石为主。

玉簪 龙山文化
山东省临朐县西朱封遗址
202号墓出土
现藏中国社会科学院考古研究所
玉质乳白色，半透明状

庙底沟二期文化

庙底沟二期文化是中原地区的新石器时代考古学文化，主要分布范围以晋南地区为中心，东到黄河以南的伊洛河流域，西到陕西关中以西的浒西庄一带，北到山西晋中太谷附近，年代距今约5000～4400年。其玉器材质有透闪石、蛇纹石、大理石、蛇纹大理石、绿松石、滑石等。

兽头形玉饰 庙底沟二期文化
山西省芮城县清凉寺墓地87号墓出土
现藏山西省考古研究所
玉质青白色

陶寺文化

陶寺文化是中原龙山文化的一支新石器时代考古学文化，年代距今约4600～4000年，主要分布于晋南地区。其玉器材质有透闪石、大理石、蛇纹大理石、蛇纹石、滑石、绢云母、白云母、绿松石等。

玉环 陶寺文化
山西省临汾市尧都区下靳墓地136号墓出土
现藏山西省考古研究所
玉质青白色，光泽极好，晶莹温润

玉环 陶寺文化
山西省襄汾县陶寺遗址墓葬
区采集
现藏中国社会科学院考古研
究所
玉质淡绿色，半透明

河南龙山文化

　　河南龙山文化主要是指河南境内的新石器时代王湾三期考古学文化造律台类型及豫北冀南的新石器时代后岗二期考古学文化类型，年代距今约4600～4000年。其玉器材质有透闪石、大理石以及石灰岩等。

玉铲 龙山文化
河南省南阳市黄山遗址出土
现藏河南博物院
玉质青白色，莹润光洁

陕西龙山文化

　　陕西龙山文化是指分布于陕西谓河流域的新石器时代考古学文化，被称为客省庄二期文化，年代大致为距今4500～4000年。其玉器材质有透闪石、大理石、蛇纹大理石、蛇纹石、滑石、绿泥石和绿松石等。

凤首玉笄 龙山文化
陕西省延安市芦山峁遗址
出土
现藏延安市文物研究所
玉质青绿色

河姆渡文化

　　河姆渡文化是主要分布于宁绍平原东部杭州湾南岸的新石器时代考古学文化，年代距今约7000～5300年。其玉器材质以萤石、叶蜡石、玉髓为主，其萤石产自河姆渡遗址附近的冯家村。

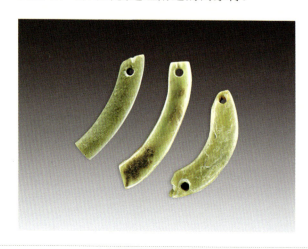

璜形玉饰 河姆渡文化
浙江省余姚河姆渡遗址出土
现藏浙江省博物馆
材质为叶蜡石和荧光石质，
黄绿色

马家浜文化

马家浜文化是长江下游新石器时代的考古学文化，年代距今约6500～5500年。其玉器材质多为灰白色、褐色和黄色的透闪石类，另有少量玉髓。

玛瑙玦、玉璜
浙江省嘉兴市吴家浜遗址出土
现藏嘉兴市博物馆
玦玛瑙质白中泛黄，玉璜为透闪石软玉

崧泽文化

崧泽文化是长江下游地区新石器时代的考古学文化，主要分布于太湖流域，年代距今约5900～5300年。其玉器材质有青、白、青白色透闪石和少量的萤石。

玉玦 崧泽文化
浙江省海盐县仙坛庙遗址
129号墓出土
现藏海盐县博物馆
玛瑙髓质白色

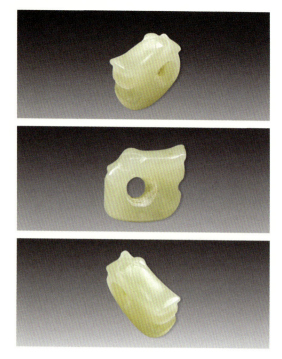

龙形玉饰 菘泽文化晚期
浙江省海盐县仙坛庙遗址
51号墓出土
现藏海盐县博物馆
玉质黄绿色，莹润半透明

良渚文化

　　良渚文化是长江下游地区的新石器时代考古学文化，主要分布于环太湖地区，南端到达钱塘江，北至江苏常州一带，年代距今5300~4000年。其玉器材质主要为透闪石，也有少量为叶蜡、萤石和玛瑙等，在中等级的墓葬中往往有叶蜡石等其他材质的制品。

玉琮 良渚文化
浙江省平湖市乍浦建利村戴
墓墩遗址出土
现藏平湖博物馆
玉质翠绿色，晶莹润泽

锥形玉饰 良渚文化
浙江省海盐县龙潭港遗址9
号墓出土
现藏海盐县博物馆
玉质黄绿色

北阴阳营文化

　　北阴阳营文化是长江下游江苏宁镇地区的
新石器时代考古学文化，年代距今约6200～5700
年。其玉器质地呈青色、灰色、碧色、灰褐色、
米黄色、白色、灰白色、绿色等，玉色不够纯
净，常有少量杂色，个别质地中夹有云母沫。质
料主要为阳起石、透闪石、蛇纹石和玉髓，也有
少量石英、云母片、叶蜡石、绿松石等。

玛瑙璜 北阴阳营文化
江苏省南京市鼓楼岗北阴阳
营120号墓出土
现藏南京博物院
玛瑙质白色，透明度较高

玉璜 北阴阳营文化
江苏省南京市鼓楼岗北阴阳
营墓葬出土
现藏南京博物院
玉质青绿色

凌家滩文化

　　凌家滩文化是位于安徽省含山县铜闸镇凌家滩的新石器时代考古学文化，年代距今约5500～5300年。其玉器材质主要以透闪石为主，另有少量的蛇纹石、玛瑙、玉髓、水晶、石英、煤精等。颜色有白色、乳白色、灰白色、黄白色、青灰色、淡绿色、牙黄色等，少量色质不纯夹有白斑或其他颜色，个别呈透明和半透明状。

龙形玉佩 凌家滩文化
安徽省含山县凌家滩遗址出土
现藏安徽省文物考古研究所
玉质灰白牙黄色

玉斧 凌家滩文化
安徽省含山县凌家滩遗址出土
现藏安徽省文物考古研究所
玉质白泛绿色

玉镯 凌家滩文化
安徽省含山县凌家滩遗址出土
现藏安徽省文物考古研究所
玉质白色，半透明

玉玦 凌家滩文化
安徽省含山县凌家滩遗址出土
现藏安徽省文物考古研究所
玉质乳白色，半透明

大溪文化

　　大溪文化是长江中游的新石器时代考古学文化，主要分布于湖北中南部、四川东部和汉水中游沿岸，年代距今约6500～5300年。其玉器颜色有淡黄色、灰白色、黑色等。

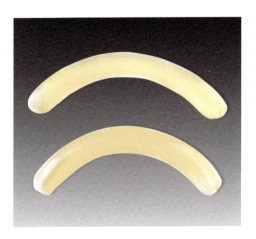

玛瑙璜 大溪文化
湖南省澧县车溪乡城头山古
城址678号墓出土
现藏湖南省文物考古研究所
玉质淡黄色

轮形玉饰 大溪文化
重庆市巫山县大溪遗址66号
墓出土
现藏巫山县文物管理所
玉质黑色

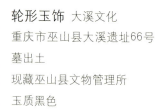

屈家岭文化

屈家岭文化是长江中游地区新石器时代的考古学文化，主要分布在湖北、湖南地区。年代距今约5300～4600年。其玉器材质主要为高岭玉、绿松石等。

玉饰 屈家岭文化
河南省淅川县黄楝树遗址出土
现藏河南博物院
玉质土黄色

石家河文化

石家河文化是长江中游地区新石器时代晚期的考古学文化，主要分布在湖北、河南南部和湖南北部地区。年代距今约4600～4000年。其玉器材质以透闪石为主，另有高岭玉、绿松石、大理石、水晶、滑石等。

人面形玉牌饰 石家河文化
湖北省天门市石河镇肖家屋
脊出土
现藏荆州博物馆
玉质黄绿色

神人兽面形玉佩 石家河
文化
陕西省长安县张家坡17号西
周墓出土
现藏中国社会科学院考古研
究所
玉质青色，纯净

石峡文化

石峡文化是珠江流域新石器时代的考古学
文化，主要分布于粤北地区，年代距今约4900～
4500年。其玉器材质有透闪石、蛇纹石、高岭
玉、大理岩、绿松石及水晶等。

玉琮 石峡文化
广东省汕尾市海丰田乾盐场
出土
现藏海丰县博物馆
玉质泛淡绿色

齐家文化

　　齐家文化是中心区域在甘肃中西部、青海东部以及宁夏部分地区的新石器时代考古学文化，年代为公元前2000年左右。其玉器材质有透闪石、阳起石、蛇纹石等。

玉璧 齐家文化
青海省民和县马营乡马家村
阳坪遗址采集
现藏青海省博物馆
青绿色

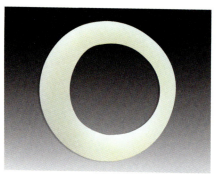

玉环 齐家文化
青海省民和县喇家遗址17号
墓出土
现藏青海省文物考古研究所
玉质淡绿色，透明

玉铲 齐家文化
青海省民和县喇
家遗址征集
现藏民和县博物馆
玉质青白色，有絮状
白色纹理

玉凿 齐家文化
青海省民和县喇家
遗址17号墓出土
现藏青海省文物考古
研究所
玉质白色，通体透明，无杂色

卑南文化

　　卑南文化是台湾地区迄今所知范围最大、古文化遗存最丰富的一处新石器时代考古学文化遗址，年代距今约5000～2000年。玉器材质以黄绿色透闪石为主，其中有些夹杂少量透辉石、蛇纹石、斜黝帘石、磁铁矿等伴随矿物，另外还有绿泥石、板岩等。

人兽形玉饰 卑南文化
台湾省台东县卑南遗址出土
现藏台湾史前文化博物馆
玉质暗绿色，半透明

夏商西周时期

　　夏、商、西周时期，随着中原王朝的建立和用玉制度的完善，对玉料的需求大增，使用标准逐渐严格。这一时期是中国玉器艺术的成长期，也是和田玉的开发成长期，玉器由原始社会的彩石玉器时代进入了以和田玉为主题的时期。这时期的装饰玉器多采用和田玉作原料。当时和田玉虽大量传入中原，但由于运输工具的条件的限制，玉料的块度不大，而且颜色较杂，有白、青白、青、绿、墨等。由于玉料来之不易，故玉工在加工器物时十分珍惜玉料，很多玉器都带有玉皮，颜色不纯，甚至石性较重。经检测，殷墟商代晚期妇好墓出土的755件玉器中，大多

商代牙黄色玉戚

数为和田玉，还有一些岫岩玉和独山玉。商周时期一些形体较大的礼制玉器，如戈、矛、戚等，是用牙黄色或黄色玉料专门制作的。这种玉料玉质细腻，但不透明，从背面透光呈红色，产地至今不详，流行于中原的新石器时代晚期至西周时期。

夏代玉器材质主要有白玉、青玉（含河南独山玉）、绿松石等。到了商代，玉器材质有南阳玉、和田玉、岫岩玉、绿松石等，玉材色泽一般不甚纯净。和田玉大都为青玉，玉色发暗而有沁色；岫岩玉多数为牙黄色或呈鸡骨白色；南阳玉一般呈青色并具浅淡斑纹，近似环状，特征明显。西周时，玉器材质除了和田玉、岫岩玉，还有少量的玛瑙、绿松石、水晶、滑石、汉白玉、煤精和天河石等，多为透闪石软玉。

玛瑙玦 夏家店下层文化
内蒙古自治区敖汉旗大甸子
墓地1232号墓出土
现藏中国社会科学院考古研
究所
玉质白色

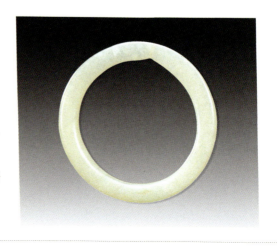

玉环 夏家店下层文化
内蒙古自治区敖汉旗大甸子
墓地453号墓出土
现藏中国社会科学院考古研
究所
玉质淡绿色

玉镯 夏家店下层文化
内蒙古自治区敖汉旗大甸子
墓地458号墓出土
现藏中国社会科学院考古研
究所
玉质青绿色

玉饰 夏家店下层文化
内蒙古自治区敖汉旗大甸子
墓地905号墓出土
现藏中国社会科学院考古研
究所
玉质淡绿色

玉簪 夏家店下层文化
内蒙古自治区敖汉旗大甸子
墓地371号墓出土
现藏中国社会科学院考古研
究所
玉质淡绿色

曲面玉牌饰 夏家店下层
文化
内蒙古自治区敖汉旗大甸子
墓地659号墓出土
现藏中国社会科学院考古研
究所
玉质黄绿色

玉柄形器 二里头文化

河南省偃师市二里头遗址4号坑出土

现藏中国社会科学院考古研究所

玉质乳白色

玉刀 二里头文化

河南省偃师市二里头遗址57号墓出土

现藏中国社会科学院考古研究所

玉质豆青色，土沁为黄褐色

玉斧 公元前3000～前2000年

新疆维吾尔自治区若羌县楼兰古城南22.5公里处出土

现藏巴音郭楞蒙古自治州博物馆

玉质浅黑色

玉斧 公元前3000～前2000年
新疆维吾尔自治区若羌县楼兰古城南25公里处出土
现藏巴音郭楞蒙古自治州博物馆
玉质浅绿色，细润

玉珠 公元前1800年左右
新疆维吾尔自治区若羌县小河墓地出土
现藏新疆维吾尔自治区文物考古研究所
蛇纹石质，淡黄色

玉斧 公元前1000年左右
新疆维吾尔自治区若羌县楼兰古城采集
现藏新疆维吾尔自治区文物考古研究所
玉质白色，晶莹光泽

人面纹玉佩 商代
河北省藁城市台西村出土
现藏河北省文物研究所
玉质青色，温润细腻，有光泽

玉玦 商代
河北省藁城市台西村出土
现藏河北省文物研究所
玉质白色，色泽莹润

双面玉人 商代晚期
河南省安阳市妇好墓出土
现藏中国社会科学院考古研
究所
玉质淡绿色

玉簪 商代晚期
河南省安阳市妇好墓出土
现藏中国社会科学院考古
研究所
玉质青色

玉熊 商代晚期
河南省安阳市妇好墓出土
现藏中国社会科学院考古研
究所
玉质前身褐色，背面浅绿色

玉鹅 商代晚期
河南省安阳市妇好墓出土
现藏中国社会科学院考古研
究所
玉质灰绿色

玉柄形器 商代晚期
河南省安阳市妇好墓出土
现藏中国社会科学院考古研
究所
玉质乳白色

长条形玉饰 商代晚期
江西省新干县大洋洲商墓出土
现藏江西省博物馆
玉质淡绿色，有蜡状光泽，
微透明

鸟形玉佩 河南省安阳市殷
墟出土
现藏中国社会科学院考古研
究所
玉质肉红色偏黄，匀净

玉璇玑 商代
河南省淮阳市冯塘乡冯塘村
出土
现藏河南博物院
玉质青色

玉戈 商代晚期
山东省滕州市前掌大4号墓
出土
现藏中国社会科学院考古研
究所
玉质白色

玉饰 商代晚期
山西省浮山县桥北墓地18号
墓出土
现藏山西省考古研究所
玉质青白色

兔形玉佩 商代晚期
山西省灵石县旌介村2号墓出土
现藏山西省考古研究所
玉质青色，有光泽，半透明

蝉形玉佩 商代晚期
山西省灵石县旌介村2号墓
出土
现藏山西省考古研究所
玉质浅绿色

鱼形玉佩 商代晚期
河南省安阳市殷墟出土
现藏中国社会科学院考古研
究所
玉质墨绿色

龙形玉佩 商代晚期
河南省安阳市殷墟出土
现藏中国社会科学院考古研
究所
玉质青色，匀净

玉镯 商代
浙江省安吉县递铺镇三官村
出土
现藏安吉县博物馆
玉质黄色，半透明

玉璋 商代晚期至西周早期
四川省成都市金沙遗址出土
现藏成都文物考古研究所
玉质墨色，不透明

玉矛 商代晚期至西周早期
四川省成都市金沙遗址出土
现藏成都文物考古研究所
玉质牙白色，温润透明

玉握 西周
山西省洪洞县永凝堡西周墓
地5号墓出土
现藏山西省考古研究所
玉质青白略泛黄色

牛形玉饰 西周
山西省区沃县晋侯墓地63号
墓出土
现藏山西省考古研究所
玉质黄褐色，温润

玉璜 西周
山西省闻喜县上郭墓地49号
墓出土
现藏山西博物院
玉质青白色，半透明有光泽

蝉形玉佩 西周

甘肃省灵台县草坡2号墓出土

现藏甘肃省博物馆

玉质青白色

凤鸟纹玉璜 西周

陕西省长安县张家坡152号墓

出土

现藏中国社会科学院考古研

究所

玉质青绿色

蚕形玉佩 西周

陕西省扶风县齐家村遗址采集

现藏宝鸡市周原博物馆

玉质白色微泛黄，光亮

玉钺 西周

河南省三门峡市虢国墓地

2009号墓出土

现藏三门峡市虢国博物馆

玉质青色，呈深绿，温润光

洁，微透明

玉簪首 西周晚期
河南省三门峡市虢国墓地
2009号墓出土
现藏三门峡市虢国博物馆
玉质青白色，温润透明

鸟形玉佩 西周晚期
河南省三门峡市虢国墓地太
子墓出土
现藏三门峡市虢国博物馆
玉质浅豆青色，温润半透明

蛇形玉佩 西周晚期
河南省三门峡市虢国墓出土
现藏三门峡市虢国博物馆
玉质淡青色，温润透明

兽面形玉佩 西周晚期
河南省三门峡市虢国墓地
2009号墓出土
现藏三门峡市虢国博物馆
玉质青色，呈墨绿，温润

玉璜 西周晚期
河南省三门峡市虢国墓地
2009号墓出土
现藏三门峡市虢国博物馆
玉质青色，呈米黄，温润半
透明

玉佩 西周晚期
河南省三门峡市虢国墓地
2009号墓出土
现藏三门峡市虢国博物馆
玉质青色，温润光洁，透明

春秋战国时期

　　春秋战国是中国历史上由奴隶制向封建制的巨大变革时代。这时期群雄争霸，诸侯贵族以和田玉为珍贵，不论是城下之盟、战争媾和，抑或是进献和馈赠珍品，所用玉器都是以和田玉为原料。玉器的体积逐渐增大，玉璧最大直径可达30多厘米，特别是出现了较大的玉制容器，如玉耳杯、玉卮、玉奁、玉盒等，说明这时使用玉料的块度增大，这与交通条件、运输工具和开采技术的改善和进步有密切关系。装饰玉器和一部分葬玉颜色多为白色，而葬玉中饰双周纹饰带的玉璧则为带墨点的青色或深绿色。后世用玉"崇白"的风气就是在这个时期形成的。

　　春秋时期的玉料多为和田

汉代深绿色玉璧

玉，此外还常见两种玉料：一种为质地细密、不透明、不温润、颜色暗淡而表面抛光较亮的玉片，玉色呈青白、青绿、青黄三种，基本上无白玉制品；一种为岫岩玉，常呈乳白色，微泛青黄，色泽暗淡。战国玉器用料复杂，但主要为新疆和田玉，玉质或青白，或青微含黄色，或青绿色，极少见到白玉制品，有一些碧玉制品，但玉色苍旧，不像清代碧玉鲜活而呈菜色。还有一些玉材，透明度、温润感介于岫岩玉与和田玉之间。多数战国玉器表面带有玻璃光，如同玻璃表面的光亮似能反光，这种玻璃光独具特色。

鸟形玉璜 春秋早期
山西省闻喜县上郭墓地55号墓出土
现藏山西博物院
玉质青白色，半透明

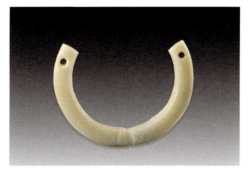

玉璜 春秋
安徽省黄山市屯溪奕棋3号墓出土
现藏安徽省博物馆
玉质青黄色

有领玉璧 春秋
云南省曲靖市八塔台4号墓出土
现藏云南省文物考古研究所
玉质鸡骨白色

虎形玉佩 春秋
河南省光山县宝相寺黄君孟
夫妇墓出土
现藏河南博物院
玉质青灰色

牛首形玉佩 春秋
山东省莒县龙山镇王家山村
春秋墓出土
现藏莒县博物馆
玉质淡绿色

玉管 战国早期
浙江省长兴县鼻子山战国墓
出土
现藏长兴县博物馆
玉质白色，纯净无沁斑

双龙饰玉璧 战国
河南省洛阳市西工区出土
现藏洛阳博物馆
玉质青中泛黄

玉蝉 战国
河北省平山县三汲乡中山王
墓出土
现藏河北省文物研究所
玉质墨绿色，温润有光泽

玉玲 战国早期
河北省随州市曾侯乙墓出土
现藏湖北省博物馆
玉质青白色，光泽较亮

龙形玉佩 战国中期
湖北省江陵县望山2号墓出土
现藏湖北省博物馆
玉质青色，有光泽

玉璜 战国中期
湖北省江陵县望山1号墓出土
现藏湖北省博物馆
玉质青绿色，有光泽

龙形玉佩 战国中期
河北省平山县七汲村中山国
1号墓出土
现藏河北省文物研究所
玉质黄褐色，半透明

龙形玉佩 战国
山东省曲阜市鲁国故城58号
墓出土
现藏曲阜孔府文物档案馆
玉质青色，晶莹润泽

玉环 战国
山东省淄博市临淄区商王村
1号墓出土
现藏淄博市博物馆
玉质青白色

绿松石玦 战国晚期
浙江省余姚县老虎山14号墓
出土
现藏浙江省文物考古研究所
玉质青绿色

玉璧 战国晚期
安徽省长丰县杨公战国墓出土
现藏安徽省文物考古研究所
玉质青白色

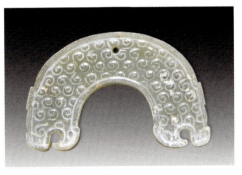

玉璜 战国晚期
湖南省澧县新洲1号墓出土
现藏湖南省文物考古研究所
玉质青色

秦汉魏晋南北朝时期

　　公元前221年，秦王嬴政统一了六国，建立了强大的中央集权制封建帝国，此时继续以和田玉为贵。丞相李斯曾写道："今陛下致昆山之玉，有隋和之宝……此数宝秦不生一焉"（《史记·李斯列传》）。汉代是中国统一的封建中央集权国家形成时期，和田玉成为此时玉料来源的主体，其他产地的玉料逐渐不再使用。汉武帝时，"丝绸之路"开通，促使和田玉输入量大增，同时，因铁制工具的发展，和田玉山料的开采也可能开始了。中原玉工在加工玉料时有了很大的选择性，他们多选用质料好、无绺裂、色泽纯净的玉料制作器物。这时和田玉的产地有了历史纪录。中国第一部完整的历史著作《史记》记载了和田玉的产出情况："汉使穷河源，河源出于田，其山多玉石，采来，天子案古图书，名河所出山曰昆仑云。"说明那时已开采了籽玉和山玉，采来的玉用以制作皇帝玉玺。

东汉班固所撰的《汉书》记录了更多的和田玉产地："莎车国……有铁山，出青玉；于阗之西，水皆西流，注西海；其东，水东流，注盐泽，河源出马，多玉石；鄯善国，本名楼兰……国出玉。"这说明了延绵1000多公里的昆仑山和阿尔金山都产玉，可以看出，1900多年以前的记载与现在的采玉地点基本相同，鄯善、于阗、子合、莎车等地都有玉矿，都是玉器的出产地。和田玉的开发，促使新疆琢玉业的兴起，制造玉器在这时已成为一项重要的手工业。

魏晋南北朝时期，西域发生大动乱促使了民族大融合，这时和田玉开发受到了一定影响，中国玉器业的发展处于低潮。这一时期历史文献中，仍多次提到和田玉，说明其虽处于低潮，但和田玉仍在继续开发。北魏郦道元《水经注》提到："莎车城西南去蒲梨七百四十里，汉武帝自西域屯田于州，有铁山，出青玉。"其时，新疆所产的和田玉料，当地还琢成了不少精美玉器，其中一些还用于献给中原朝廷。

汉代尚白玉，制玉中大量使用白玉，玉材主要为和田玉，还有蓝田玉、岫岩软玉等。魏晋南北朝时期，白玉少见，这时多为青玉、青白玉，滑石增多，可见当时的玉料不足。

玉璧 秦代
湖北省荆州市纪南镇高台村出土
现藏荆州博物馆
玉质青绿色，光泽度好

玉璧 西汉
山东省济南市长清区济北王
陵出土
现藏济南市长清区博物馆
玉质青绿色，间有白色纹
线，无沁

琥珀印 西汉
江苏省扬州市邗江区甘泉姚庄
102号西汉墓出土
现藏扬州博物馆
琥珀质橘红色

玉蝉 西汉
江苏省扬州市邗江区甘泉姚
庄102号西汉墓出土
现藏扬州博物馆
玉质白色，纯洁无瑕，莹润
透明

玉猪 西汉
江苏省海州市网庄西汉墓葬
出土
现藏连云港市博物馆
玉质黄色，质地细纯，光亮
滋润

玉璧 西汉
河北省满城县陵山中山靖王
刘胜墓出土
现藏河北省文物保护中心
玉质青白色

玉璧 西汉中期
河北省定县40号墓出土
现藏河北省文物研究所
玉质青色

龙形玉环 西汉中期
河北省定县40号墓出土
现藏河北省文物研究所
玉质黄褐色

凤形玉佩 西汉
安徽省巢湖市北山头汉墓出土
现藏巢湖市博物馆
玉质青色泛黄

玉带钩 西汉
安徽省天长市三角圩汉墓群
出土
现藏天长市博物馆
玉质白色，温润无瑕

玉舞人 西汉
陕西省西安市三桥镇汉墓出土
现藏西安市文物商店
玉质白色，纯净透润

玉人骑马 西汉
陕西省咸阳市周陵乡新庄村
汉元帝渭陵建筑遗址中发现
现藏咸阳博物馆
玉质羊脂白色，纯净无瑕

玉人 西汉
甘肃省礼县鸾亭山遗址出土
现藏甘肃省文物考古研究所
玉质白色

玉蝉 汉代
甘肃省武威市磨咀子出土
现藏甘肃省博物馆
玉质白色，细腻光洁

玉璧 西汉
广东省广州市象岗南越王墓
出土
现藏西汉南越王博物馆
玉质墨绿色

玉剑格 汉代
安徽省马鞍山市寺门口汉墓
出土
现藏马鞍山市博物馆
玉质白色，纯净无瑕

玉猪 新莽
江苏省扬州市邗江区扬寿宝
女墩104号新莽墓出土
现藏扬州市邗江区文物管理
委员会
玉质青白色，细腻有光泽

龙形玉佩 东汉
天津市蓟县西关墓葬出土
现藏天津市文化遗产保护中心
玉质白色，纯净润泽

玉猪 东汉
天津市蓟县别山墓葬出土
现藏天津市文化遗产保护中心
玉质白色，纯净微透明

玉覆面 东汉
天津市蓟县别山墓葬出土
现藏天津市文化遗产保护中心
玉质白色，纯净温润

虎纽玛瑙印 东汉
江苏省扬州市邗江区甘泉东
汉墓2号墓出土
现藏南京博物院
玛瑙质黄色，透明光亮，洁
净无瑕

玉司南佩 东汉
江苏省扬州市邗江区甘泉东
汉墓2号墓出土
现藏南京博物院
玉质白色，晶莹纯净

玉璧 东汉
河北省定县北庄中山简王刘
焉墓出土
现藏河北省文物保护中心
玉质青色，细腻莹润

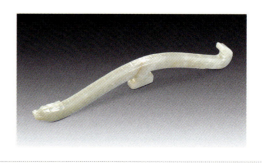

玉带钩 东汉
河北省定县北庄中山简王刘
焉墓出土
现藏河北省文物保护中心
玉质白色，表面有油脂样光泽

玉蝉 东汉
河北省定县北庄中山简王刘
焉墓出土
现藏河北省文物保护中心
玉质羊脂白色，细腻光润，
洁白无瑕

玉猪 东汉
河北省定县北庄中山简王刘
焉墓出土
现藏河北省文物保护中心
玉质白色，细腻光润

螭虎纹玉璧 东汉
陕西省咸阳市周陵乡新庄村
出土
现藏咸阳市博物馆
玉质淡黄色，纯净

玉猪 东汉
陕西省西安市北郊红庙坡汉
墓出土
现藏西安市文物保护考古所
玉质青白色，温润晶莹

玉璧 东汉
湖南省长沙市桐荫里1号墓
出土
现藏长沙市博物馆
玉质青色

玉带钩 汉代
福建省武夷山市城村新圆亭
汉墓出土
现藏福建博物院
玉质白色

玉杯 三国曹魏
河南省洛阳市西区曹魏正始
八年墓出土
现藏洛阳博物馆
玉质白中泛青色，莹润光洁

玉卧羊 魏晋时期
甘肃省武威市灵钧台遗址出土
现藏甘肃省博物馆
玉质青白色，带黄色皮斑

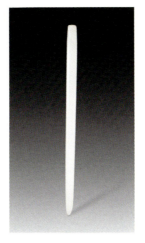

玉笄 魏晋时期
青海省西宁市南滩砖瓦厂出土
现藏青海省文物考古研究所
玉质白色，细腻温润，晶莹
透明

玉璜 南朝
江西省南昌市郊京山南朝墓
出土
现藏江西省博物馆
玉质青白色

玉璜 六朝
安徽省当涂县青山六朝墓出土
现藏安徽省文物考古研究所
玉质白色，温润微透明

隋唐五代宋辽金元时期

隋唐时期，经济繁荣，文化发达，对外交
往密切，和田玉的开发使中国玉器历史进入繁荣时期。《隋书》中载："于阗'山多美玉'"。这些美玉流传至中原，有的被琢成玉器，进献朝廷。据《册府元龟外臣传》载："隋文帝开皇七年（587年），突厥都阑可汗遣使献玉杖，该器为于阗所产。"故隋代出土玉器中，不少是和田白玉制成的。

唐代是中国历史上的又一黄金时代，随着唐朝统一西域，"丝绸之路"进一步繁荣，和田玉的开发更加扩大。唐代不少文献中都有关于和田玉的记载。玄奘编纂的《大唐西域记》中记载了当时西域产玉的盛况："乌铩国，千余里……南临徙多河……多出杂玉，则有白玉、黑玉、青玉"。常见

唐代何家村窖藏出土的和田白玉籽料

的玉带和仿金银器玉器多以白玉和青白玉为主，而组玉佩则用青玉制成。西域于阗国经常向唐王朝进贡美玉，玉质温润细腻，洁白无瑕。中亚国家进贡的骨咄玉带和玛瑙来通杯也很有特色。

五代十国时期，中国处于封建割据的局面。这一时期，以于阗的李氏王朝与中原联系较为密切。高居诲在《行程记》中记载："玉河在于阗城外，其源出昆山，西流一千三百里至于阗界牛头山，乃疏为三河：一曰白玉河，在城东三十里；二曰绿玉河，在城西二十里，三曰乌玉河，在绿玉河西七里，其源虽一，而其玉随地而变，故其色不同，每岁五六月，大水暴涨，则玉随流而至。玉之多寡由水之大小，七八月水退，乃可取。彼人谓之捞玉，其国之法，官未采玉，禁人辄玉河滨者。故其国中器用服饰，往往用玉。"这应当算是一次比较全面的记载，有采玉时间、地点和方式。《新五代史》也有类似记载："其河源所出，至于阗分为三，东曰白玉河，西曰绿玉河，又西曰乌玉河，三河皆有玉而色异。每岁

秋水涸，国王捞玉于河，然后国人得捞玉"。

宋代时，中原与西域的联系不够畅通，虽然文献中记载当时用玉风气很盛，但目前所见宋玉出土和传世的都不多，说明和田玉料的输入有所减少。宋代玉器仍以白玉和青白玉为主，玉质优劣相差较大，优者温润细腻，劣者绺裂较多。北方草原辽、金是游牧民族建立的政权，与西域诸国疆域相连，且无险相隔，因而彼此间保持着密切的联系，玉料来源自然也不成问题。辽金时期的玉器基本上以白色为主，青白玉少见，连马具上的装饰品都用白玉制成，说明白玉料来源充足。

辽代缀白玉饰银带局部

唐代以白玉为主，加工不求玻璃光，也不求玉质的温润感，有似旧非旧之意，另外，唐代还有一部分青玉制品。宋代主要有白玉、青玉两种材料，又以白玉作品为多，其中有许多上等白玉，玉质温润，色泽如"截肪"，较之唐代所用白玉品位高出一筹。青玉作品也有一定数量，从颜色上看，又可分为两类：一类青中泛灰，另一类青中泛绿色。宋代玉器中还可以零星地见到黄玉及独山玉作品，黄玉颜色较暗，似褐绿色。独山玉用料甚少，色泽单一，所见的仅有牙白色中杂赭色，玉质缺乏温润感。作品仅见故宫博物院收藏的玉樽、玉簋，玉质不甚温润，牙色中杂有赭色。由于没有进行取样化验，玉的品种仅为推测。辽、金玉器以白玉、青玉为主，间或有其他玉料。辽、金、元时代的玉器用料大都为新疆和田玉，其次是独山玉，一小部分为岫岩玉。和田玉诸色皆有，但以白玉、青玉为主，玉色凝重暗沉。作品大都呈蜡样光泽，不具玻璃光，器形厚重，大都带有人为烤色。在宋、辽时期，玛瑙器大量出现，所用玛瑙品种也较多。

元代立国时间甚短，玉料的来源和使用与宋、金无大区别。值得一提的是以独山玉制成的"渎山大玉海"玉瓮，开创了后世以深杂色玉料雕琢巨形玉雕的先河。元代手工业高度发展，资本主义萌芽，对外贸易兴旺。新疆处于统一的祖国大家庭中，交通畅通，经济发展。

这一时期，和田玉的开发步入鼎盛时期，玉器工艺美术亦步入鼎盛期。元朝皇族非常喜爱和田玉，曾派人到新疆索玉，并设立驿站，将玉运到京都。这时期，新疆采玉之地甚多。

中世纪意大利著名旅行家马可·波罗在他的东方见闻——《马可·波罗游记》中提到："忽炭国（指于阗国）……国城东有白玉河，西有绿玉河，次西有乌玉河，皆发源于昆仑。""玉有两种，一种较贵，产于河中，采玉之法，几于采珠人沿水求珠之法相同；另一种品质较劣，出于山中。""塔因省……首府也叫培因，有一条河流横贯全省，河床中蕴藏着丰富的玉矿，出产一种名叫加尔西顿尼河雅斯白的玉石。""沙昌省……境内有几条河流，也出产玉和碧玉，这些玉石大部分销往契丹，数量十分巨大，是该省大宗输出品。"马可·波罗记载的昆仑山和阿尔金山产玉的情况，与现代产玉地区基本相同，只是且末的河流中已很少采玉了。

元代采和田玉有专业采玉工人，以往他们是在官吏监督下从事劳役。元世祖忽必烈于公元1274年下令免去采玉工人的差役，这样，民间采玉增多，玉石不断运往内地进行交易。元代维吾尔族诗人马祖常在一首诗中记述了玉石贸易的情景，诗说："波斯老贾渡流沙，夜听驼铃识路赊，采玉河边青石子，收来东国易桑麻。"

兽形玉佩 隋代
陕西省西安市玉祥门外隋李
静训墓出土
现藏中国国家博物馆
玉质青白色

玉簪 唐代
陕西省西安市东郊唐韦美美
墓出土
现藏陕西省考古研究所
玉质青白色，温润细腻，洁
净无瑕

花形玉簪首 唐代
宁夏回族自治区吴忠市唐墓
出土
现藏宁夏回族自治区文物考
古研究所
玉质羊脂白色，微黄

花形玉簪首 唐代

宁夏回族自治区吴忠市唐墓
出土

现藏宁夏回族自治区文物考
古研究所

玉质羊脂月白色，微黄

玉棒 唐代

广东省韶关市罗源洞张九皋
墓出土

现藏广东省博物馆

玉质青色，莹润

玉钗 唐代

甘肃省静宁县出土

现藏静宁博物馆

玉质白色

玉梳背 五代
浙江省临安市玲珑镇康陵出土
现藏临安市博物馆
玉质白色，莹润透明

玉钗 北周
宁夏回族自治区原州区南郊
乡田弘墓出土
现藏固原博物馆
玉质青色

卧鹿形玉佩 宋代
北京市海淀区北京师范大学
工地清代黑舍里氏墓出土
现藏首都博物馆
玉质青白色，温润无瑕

水晶鱼 北宋
河北省定州市静志寺塔基地
宫出土
现藏定州市博物馆
水晶质无色透明，晶莹剔透

玉带扣 宋代
四川省绵阳市东方绝缘材料
厂宋墓出土
现藏绵阳市博物馆
玉质青色，温润细腻，富有
玻璃光泽

龟游荷叶纹玉饰 南宋
四川省广汉市和兴乡联合村
出土
现藏广汉市文物管理所
玉质白色，洁净无瑕，润如
凝脂

玛瑙环 辽代
天津市蓟县独乐寺塔出土
现藏天津市博物馆
玛瑙质白色，纯净透明

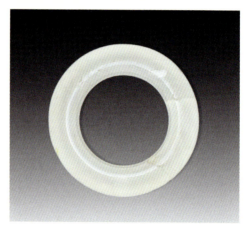

胡人吹笛纹玉带 辽代早期
内蒙古自治区敖汉旗萨力巴
乡水泉墓葬出土
现藏敖汉旗博物馆
玉质青白色

交颈鸿雁形玉佩 辽代中期

内蒙古自治区奈曼旗青龙山

镇陈国公主墓出土

现藏内蒙古自治区文物考古

研究所

玉质白色

双鹤衔灵芝形玉佩 金代

北京市房山区长沟峪金代石

椁墓出土

现藏首都博物馆

玉质青色，润洁细腻

缠枝竹节形玉佩 金代

北京市房山区长沟峪金代石

椁墓出土

现藏首都博物馆

玉质青白色，莹润无瑕，光

亮度好

折枝花形玉佩 金代

北京市房山区长沟峪金代石

椁墓出土

现藏首都博物馆

玉质青白色，质地坚硬

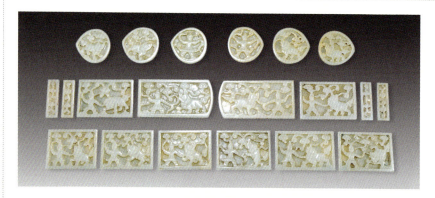

玉带 元代
北京市海淀区魏公村社会主
义学院工地出土
现藏首都博物馆
玉质青白色，匀净无瑕，光
亮度好

仕女纹玉带饰 元代
北京市西城区元大都遗址出土
现藏首都博物馆
玉质白色，洁润晶莹

孔雀形玉佩 元代
北京市海淀区砖厂工地出土
现藏首都博物馆
玉质白色，细润无瑕

龟形玉饰 辽代
辽宁省彰武县苇子沟乡朝阳
沟2号墓出土
现藏辽宁省文物考古研究所
玉质白色

玉飞天 金代
辽宁省桓仁县五女山城址金
代房址出土
现藏辽宁省文物考古研究所
玉质白色

鱼形玉佩 金代
黑龙江省绥滨县中兴金代墓
葬出土
现藏黑龙江省博物馆
玉质黑褐色，半透明

水晶摩尼佩 元代
上海市嘉定区法华塔元代地
宫出土
现藏上海市文物管理委员会
水晶质透明，光亮澄澈

水晶蝉 元代
上海市嘉定区法华塔元代地
宫出土
现藏上海市文物管理委员会
水晶质透明

羊距骨形玛瑙佩 元代
上海市嘉定区法华塔元代地
宫出土
现藏上海市文物管理委员会
玛瑙质白色，莹润透明

鱼龙纹玉饰 元代
上海市松江区西林塔地宫出土
现藏上海市文物管理委员会
玉质白色，莹润

绞丝纹玉环 元代
安徽省安庆市棋盘山元代尚
书右丞范文虎夫妇合葬墓出土
现藏安徽省博物馆
玉质羊脂白色，油润

凤形玉佩 元代
陕西省长安县上塔坡村元墓
出土
现藏长安博物馆
玉质白色，纯净无瑕

明清时期

　　明代时，中央朝廷闭关于嘉谷关，不能对西域实行直接统治，和田玉料需要辗转运输才能到内地，很多较好的玉料流落在民间。明代玉料既有细腻的白玉、青白玉，也有质地较粗、硬度不够的杂料。这种现象一直持续到清代前期。明代还有一种黑白颜色分明、被称为"水银沁"的玉器，这实际上是玉料在形成过程中碳元素侵入造成的，并非水银侵蚀所致。

　　清乾隆时期，清政府控制了和田地区，进而垄断了和田玉的开采和交易，使和田玉在品种和产量上达到了历史上最繁盛时期，几乎所有颜色的玉料都被大量开采。面对和田玉的采玉盛景，诗人肖雄咏诗道："玉凝羊脂白且腴，昆岗气派本来殊，六朝人拥双河畔，入水非求径寸殊。"由于乾隆皇帝对玉器的嗜好，玉工在选料设计上细心

清代用墨玉籽料
雕成的兽面纹仿古壶

构思，充分利用各色玉料的特征来创作作品，取得了极高的艺术成就。例如，密尔岱玉矿所产青色玉料块度较大，但绺裂较多，扬州玉工就雕成山子，巧妙设计青山峭壁，既掩盖了玉料的缺陷，又表现出山子玉雕气势宏大的场面：白玉河所产籽多带红褐色玉皮，玉工雕成留皮随形作品，既保留了原料的自然形状，又雕刻出人物和景色；墨玉河所产籽玉颜色较深，玉工多雕成文房用具和仿青铜器玉器，如笔筒、笔架、笔杆及鼎、炉等，显得稳重大方。清代时，采玉有官采和私采之分，采得之玉，一是进贡朝廷，一是民间交易。关于岁贡年例，据道光元年文献记载："以前新疆平定后，和田叶尔羌二处每年进到玉子四千余斤，与有关资料所载相符。如乾隆二十五年，新疆贡玉一百二十块；乾隆三十六年，贡玉十二块，四千零四十斤；乾隆四十四年，贡玉一万八千四十三块，嘉庆十一年，贡玉二千一百三十二块，重三千四百四十六斤十三两；嘉庆十四年，贡玉一千九百五十六块，重四千零三十三斤十三两三钱九分……。"当然，实际数量还不止这些。清道光时，玉禁开放，和田玉料贸易兴旺，对民间用玉起了很大的推动作用。

纵观几千年来古玉玉料史，主要体现在和田玉的开发史上。当中原政权与西域贸易来往频繁或直接控制西域时，和田玉料会大量地输入中原，玉器制作的数量和质量也呈现出繁荣局面，反之，玉器制

玉料产地分布图

作的数量和质量就会下降。

从古代文献来考察，中国古代产玉之地相当多，仅《山海经》记载玉的产地就达259处之多，但是大多数无踪可寻。从数千年古玉料来源来看，新疆和田、辽宁岫岩、河南南阳独山和陕西蓝田是中国古代玉料的主要产地。另外，江苏溧阳小梅岭、四川汶川龙溪、台湾花莲所产玉料，以及缅甸度冒的翡翠，也是中国玉器发展史上某一阶段的玉料产地。

明清两代玉器用料大致相同，主要以新疆玉为主，其次是独山玉和岫岩玉。明代的白玉一般白中泛黄或红色，青玉之色发暗，青白玉之色似有沁色之感。清代的白玉多数泛青、绿之色，青玉显得清澈无杂色。乾隆时期开始，和田籽料增多，翡翠作品开始出现。至清晚期，高绿高翠等高质量的翡翠制品流行。明、清两代的独山玉和岫岩玉色彩丰富、色泽艳丽。而明、清两代的碧玉基本相同，色淡者如绿草，色深者如蕉叶，色最深者漆黑如墨，并带有黑色斑点。

双兔纹玉佩 明代早期
湖北省钟祥市梁庄王墓出土
现藏湖北省文物考古研究所
玉质白色

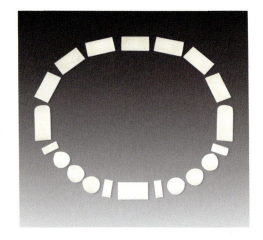

玉带 明代
江西省新建县乌溪乡第一村
明宁康王朱觐均墓出土
现藏江西省博物馆
玉质白色，滋润晶莹，有玻
璃光泽，不透明

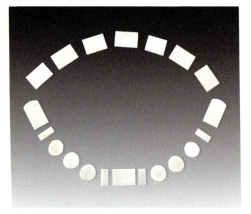

玉带 明代
江西省南城县红湖公社红岭
大队外源村北明益端王朱祐
槟墓出土
现藏江西省博物馆
玉质羊脂白色

玉带钩 明代
江西省樟树市观上乡出土
现藏樟树市博物馆
玉质碧绿色，泛墨绿，晶莹
半透明，呈油脂光泽

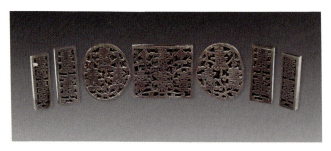

玉带 明代
广西壮族自治区梧州市高望
明桂王墓出土
现藏梧州市博物馆
玉质青色，呈紫灰

蝶形玉佩 明代

广东省广州市黄埔大道中员村岗顶出土

现藏广州市文物考古研究所

玉质青白色，黄色半透明

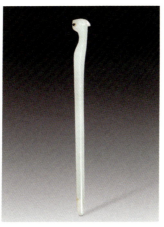

玉簪 明代

福建省龙岩市出土

现藏福建博物院

玉质青白色，温润纯净

玉璧 明代

福建省南平市出土

现藏福建博物院

玉质淡青色，较细腻，半透明

六瓣形玉片 明代

福建省龙岩市出土

现藏福建博物院

玉质淡青色，晶莹剔透

玉握 明代

福建省建瓯市水南出土

现藏福建博物院

玉质淡青色，细密，硬度高

玉眼罩 明代

福建省建瓯市水南出土

现藏福建博物院

玉质白色，泛淡淡的黄，细

腻莹润，半透明

玉牌饰 明代

贵州省贵阳市明墓出土

现藏贵州省博物馆

玉质青白色，微透明，光洁

晶莹

谷纹玉圭 明代

四川省成都市龙泉驿石灵公

社明罗江王妃墓出土

现藏成都博物馆

玉质青色，温润

玉簪 明代
四川省平武县龙安镇枕流村
明墓出土
现藏平武博物馆
玉质白色，温润洁净

玉簪 明代
四川省绵阳市明墓出土
现藏绵阳市博物馆
玉质青色，温润光泽

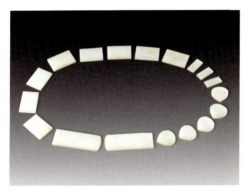

玉带 明代
陕西省西安市南廓门出土
现藏西安市文物保护考古所
玉质白色，纯净细腻

玉簪 明代
甘肃省兰州市上西园彭泽墓
出土
现藏甘肃省博物馆
玉质白色，细腻洁净

玉簪 明代
青海省大通县黄家寨大哈门
村出土
现藏青海省文物考古研究所
玉质白色

玉飞天 明代
北京市密云县清代乾隆皇子
墓出土
现藏首都博物馆
玉质白色，光润无瑕

玉壶 明代
北京市海淀区北京师范大学
工地清代黑舍里氏墓出土
现藏首都博物馆
玉质青白色，坚硬细润

玉带钩 明代
北京市昌平区十三陵定陵地
宫出土
现藏北京市定陵博物馆
玉质白色，细腻润洁

玉圭 明代

北京市昌平区十三陵定陵地
宫出土

现藏北京市定陵博物馆

玉质青色，洁润细腻

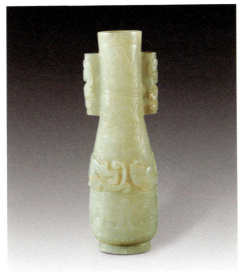

贯耳蟠龙纹玉瓶 明代

江苏省南京市牛首山弘觉寺
塔塔基地宫出土

现藏南京博物院

玉质青白色，纯洁无瑕

琥珀杯 明代

江苏省江宁县殷巷将军山明沐
睿墓出土

现藏南京博物院

琥珀质紫红色，俗称"血珀"

团龙纹玉带饰 明代
上海市松江区西林塔地宫出土
现藏上海市文物管理委员会
玉质白色，纯洁无瑕

龙纹玉带钩 明代
上海市龙华乡龙华三队明嘉
靖年间墓葬出土
现藏上海市文物管理委员会
玉质黄白色

蘑菇头玉簪 明代
上海市卢湾区打浦桥明顾氏
家族墓出土
现藏上海市文物管理委员会
玉质白色

玉带钩 明代
安徽省灵璧县高楼公窖藏出土
现藏灵璧县文物管理所
玉质青白色

心形玉佩 清代

北京市海淀区北京师范大学

工地清代黑舍里氏墓出土

现藏首都博物馆

玉质羊脂白色，润洁无瑕

秋页葡萄形玉佩 清代

北京市密云县清代乾隆皇子

墓出土

现藏首都博物馆

玉质白色，温润细腻

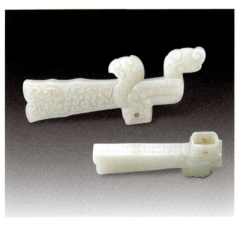

玉杖首 清代

北京市海淀区颐和园出土

现藏首都博物馆

玉质白色，温润如凝脂

玉印 清代
北京市海淀区北京师范大学
工地清代黑舍里氏墓出土
现藏首都博物馆
玉质白色，莹润细腻，并巧用
红色玉皮雕刻独角兽为印纽

六棱柱形水晶饰 清代
天津市西青区小稍口墓葬出土
现藏天津市文化遗产保护中心
水晶质蓝色，质地纯净、透明

翡翠翎管 清代
天津市西青区小稍口墓葬出土
现藏天津市文化遗产保护中心
翡翠质翠绿色，晶莹润泽

佛手形玉佩 清代
河北省南皮县张之洞旧宅出土
现藏河北省文物保护中心
玉质白色，细腻凝润

玉盒 清代
河北省南皮县张之洞旧宅出土
现藏河北省文物保护中心
玉质青色，色泽柔和

翡翠坠 清代
河北省南皮县张之洞旧宅出土
现藏河北省文物保护中心
翡翠质翠绿色，有玻璃光泽

玉带钩 清代
黑龙江省讷河市青河乡出土
现藏讷河市博物馆
玉质白色

玉簪 清代
安徽省蚌埠市西郊清代墓出土
现藏蚌埠市博物馆
玉质青白色

翡翠镯 清代
安徽省五河县出土
现藏五河县文物管理所
翡翠质地白色，翠色深绿

玉坠 清代
安徽省青阳县杨田乡清兵部
尚书王宗诚墓出土
现藏青阳县博物馆
玉质白色，温润微透光

转心玉佩 清代
上海市陕西北路清墓出土
现藏上海市文物管理委员会
玉质青白色

玉牌 清代
江西省丰城市拖船铺乡中州
胡家村出土
现藏樟树市博物馆
玉质羊脂白色，洁净滋润

翡翠佩 清代
云南省昆明市荷叶山出土
现藏云南省博物馆
翡翠质青色间泛绿，晶莹润泽

"寿"字玉佩 清代
云南省昆明市荷叶山出土
现藏云南省博物馆
玉质淡青绿色，光洁润泽，
半透明

翡翠牌饰 清代

云南省昆明市刘家山出土

现藏云南省博物馆

翡翠质青绿色，晶莹润洁

翡翠镯 清代

云南省昆明市刘家山出土

现藏云南省博物馆

翡翠质绿至翠，红至翡，晶

莹剔透，为标准翡翠

玉扳指 清代

云南省昆明市刘家山出土

现藏云南省博物馆

玉质青色，温润光洁，微透明

葫芦形玉佩 清代

云南省昆明市刘家山出土

现藏云南省博物馆

玉质羊脂白色，半透明，有
蜡脂光泽

玉簪 清代

云南省昆明市莲花池出土

现藏云南省博物馆

玉质青白色，左件为青绿色，
微透明，光洁润泽，整体似
圆锥形，钗尖白色，钗体青
绿；右件青白色，蜡脂光
泽，色泽温润，钗体有一天
然翡色褐黄

玉扳指 清代

云南省昆明市莲花池出土

现藏云南省博物馆

玉质羊脂白色，温润光洁，
有蜡脂光泽

玉扳指 清代
四川省成都市四川宾馆清代
窖藏出土
现藏成都博物馆
玉质白色，温润光洁

心形玉佩 清代
陕西省西安市雁塔村东何家
村出土
现藏西安市文物保护考古所
玉质白色，纯净

叶形翡翠佩 清代
四川省隆昌县光荣公社板栗
大队清墓出土
现藏成都博物馆
翡翠质色泽青翠，质地温润

玉料的特征

和田玉

产出分类

按和田玉产出的情况，自古以来就分为山产和水产两种。明代著名的药学家李时珍在《本草纲目》中说："玉有山产、水产两种，各地之玉多产在山上，于阗之玉则在河边。"清代陈性《玉记》中载："产水底者名子儿玉，为上；产山上者名宝玉，次之。"即将水产的叫籽玉，山产的叫宝玉，当地采玉者则根据和田玉产出的不同情况，将其分为山料、山流水、籽玉三种。

山料又称山玉、碴子玉、古代叫"宝盖玉"，指产于山上的原生玉矿。山料的特点是块度大小不一，呈棱角状，表面粗糙，断口参差不齐，玉石内部质量难以把握，质地常不如籽玉。但山料是各种玉料的母源，同时也是玉石的主要来源，不同的玉石品种都有山料，如白玉山料、青白玉山料等等。

山流水名称由采玉工和琢玉艺人命名，是一个很富有诗意的名称，即指原生玉矿石经风化崩落，并经洪水冲刷搬运至河流上游的玉石。山流水的特点是玉石的棱角稍有磨圆（地质学上称为"次棱角状"），距原生矿较近，表

和田青玉山料

重达2吨半的"山流水"

面较光滑。山流水原料中有一部分又称为"戈壁料"，是玉石在戈壁滩上经千百万年的风吹雨打风化形成的，表面凹凸不平却油亮光润，是一种很奇异又有特色的玉石原料。

籽玉又名"子儿玉"，是指原生玉矿被流水冲刷搬运到河流中被"磨圆"玉石，它分布于现代或古代河床及河流冲积扇和阶地中，玉石露于地表或埋于地下。籽玉的特点是形态为卵石形，一般块度较小，表面光滑，因为经河水长距离和长期的搬运、冲刷、磨蚀，"大浪淘沙"后保留了玉石中最为致密坚硬的部分，所以籽玉一般质量较好，内部质量容易把握，材料出成率高。籽玉和山料一样有各种颜色和质地，主要产于昆仑山水量较大的几条河流，如玉龙喀什河、喀拉喀什河、叶尔羌河和克里雅河以及这些河流附近的古代河床及河床阶地中。

各种颜色和形状的籽玉

颜色分类

中国古代对和田玉的颜色非常重视，它不仅是质量的重要标志，而且附含于一定的意识形态。古人可能受五行说的影响，依四方和中央分配五色玉，东方为青，南方为赤，西方为白，北方为黑，中央为黄。古代以青、赤、黄、白、黑五色为正色，其他为中间色，从而将玉也分为五色。王逸《玉论》中载玉之色为："赤如鸡冠，黄如蒸栗，白如截脂，黑如纯漆，谓之玉符。而青玉独无说焉。今青白者常有，黑色时有，而赤黄者绝无。"这是说，玉有白、青、黄、赤、黑五色，而常见为青色、白色。傅恒等纂《西域图志》说，和田玉河所出玉有绀（紫红）、黄、青、碧、白数色。椿园《西域闻见录》说，叶尔羌所产之玉，各色不同，有白、黄、赤、黑、碧（绿）诸色。以上说的是玉有五色，但是，明代科学家宋应星却认为玉只有白、绿两色，他在《天工开物》中说："凡玉唯白与绿两色，绿者中国名菜玉，其赤玉黄玉之说，皆奇石琅之类，价即不下玉，然非玉也。"

现代矿物学将新疆玉石细分为和田羊脂白玉、青玉、青白玉、碧玉、墨玉、黄玉、哈密翠、玛纳斯碧玉、蛇纹石玉、玉髓、芙蓉石、紫丁香玉、萤石玉、新疆独山玉、岫玉、特斯翠玉等。上品羊脂玉有两种色泽，以无瑕、点、绺的籽玉为贵。羊脂白籽玉呈蜡质光泽，有羊油脂白状，温润宜人，多出产在新疆和田的玉龙喀什河和喀拉喀什河流域。还有一种略带青灰色的羊脂玉，有强烈的蜡质感。青玉多呈碧青色且略带灰色；青白玉青白色相间；碧玉色如深色湖蓝水；墨玉带有墨绿、深灰黑点和晕带，以深墨绿色为珍品；黄玉灰青色中泛黄，质地坚硬；玉髓是玛瑙的另一个分支，多泛黄色或白色；新发现的哈密翠颜色接近孔雀石；芙蓉石呈蔷薇花的粉红色，实属水晶的一个品种。

古人对玉色说法不尽相同，经科学调查证实和田玉实际上只有白、青、墨、黄四色。另外，在昆仑山和阿尔金山地区还产碧玉，这是一种软玉，其成因与超基性岩有关，如同加拿大碧玉和新疆玛纳斯碧玉，但不属于和田玉范围。不同颜色的玉，质量也不尽相同，如《格古要论·珍宝论》中说："玉出西域于阗国，有五色……凡看器物白色为上，黄色碧玉亦贵。"中国自古以来，白色为纯洁的象征，所以人们喜爱白色。白玉不仅颜色白，而且质量也好，深得宠爱，被列为珍品。

和田玉按颜色不同，可分为白玉、青玉、墨玉、黄玉四类，其他颜色的和田玉也可归入此四类中。

白玉

白玉的颜色由白到青白，多种多样，即使同一条矿脉，也不尽相同，叫法上也名目繁多，有

季花白、石白、鱼肚白、梨花白、月白等。白玉是和田玉中特有的高档玉石，块度一般不大。在世界各地软玉中白玉极为罕见。白玉籽料是白玉中的上等材料，色越白越好。光滑如卵的纯白玉籽叫"光白子"，质量特别好。有的白玉籽经氧化后表面会带有一定颜色，秋梨色叫"秋梨子"，虎皮色叫"虎皮子"，枣色叫"枣皮子"，都是和田玉的名贵品种。

羊脂玉瓶

白玉按颜色还可分出羊脂玉和青白玉。羊脂玉因色似羊脂，故名，质地细腻，"白如截脂，"质感十分滋润，有一种刚中见柔的感觉。这是白玉籽玉中最好的品种，产出十分稀少，极其名贵。青白玉以白色为基调，在白玉中隐隐闪绿、闪青、闪灰等，常见有葱白、粉青、灰白等，属于白玉与青玉的过渡品种，和田玉中较为常见。

黄玉

黄玉由淡黄到深黄色，有栗黄、秋葵黄、黄花黄、鸡蛋黄、虎皮黄等色。古人以色如"黄侔蒸梨"者最好。黄玉十分罕见，在几千年采玉史上，仅偶尔见到，质量不次于羊脂玉。古代玉器中就有用黄玉琢成的珍品，如清代乾隆年间琢制的黄玉三羊樽、黄玉佛手等。

黄玉三羊尊

青玉

青玉由淡青色到深青色，颜色的种类很多，现代以颜色深浅不同，有淡青、深青、灰青、深灰青等之分。和田玉中青玉最多，常见大块者，近年见有一种翠青玉，呈淡绿色，色嫩，质细腻，是较好的品种。

和田青玉

墨玉

墨玉由墨色到淡黑色，其墨色多为云雾条带状等，工艺名种繁多，有乌云片、淡墨光等。在整块料中，墨的程度常强弱不同、深浅不均，多见于与青玉、白玉过渡。一般有全墨、聚墨、点墨之分，全墨，即"黑如纯漆"者，乃是上品，十分少见。聚墨指青玉或白玉中墨较聚集，可用作俏色。点墨则分散成点，呈带状者称"青花玉"，影响工艺使用。墨玉大都是小块的，其黑色皆因含较多的细微石墨鳞片所致。

墨玉辟邪

成因与矿物特征

和田玉矿脉形成于前寒武纪华力西期（距今约5亿7千万年），是中酸性岩浆侵入镁质大理岩和白云石大理岩的接触交代的产物。中酸性岩浆即花岗岩和闪长岩，化学成分为SiO_2、AlO_2；镁质大理岩和白云石大理岩化学成分为MgO、CaO、CO_2。玉矿床产在接触带的外带，侵入岩脉的附近，与接触面相距数米或1米以内。矿脉的形成还需要其他的条件，即温度在300～340摄氏度，压力在4～8千帕之间，这些生成条件决定了矿体不大，一般只有几米。矿体形状有脉状、透镜状、囊状等。在大约距今4千万年前的喜马拉雅造山运动中，昆仑山隆起，成矿带被抬升至海拔4200～5000米。后来在冰期（距今4千万年～数万年）的冰川作用下，一些矿脉被破裂、切割，矿石随冰积物和水流冲到山下，形成"山流水"和"籽玉"。

和田玉在矿物学上属角闪石族透闪石—阳起石系列，化学成分通式为：$Ca_2Mg_5(SiO_4O_{11})_2(OH)_2$，硬度6.5～6.9，比重2.9。和田玉的矿物粒度非常细小，一般在0.01毫米以下，矿物形态主要为隐晶及微晶纤维柱状，矿物组合排列以毛毡状结构最普遍，这种结构使和田玉非常致密细腻。和田玉的颜色主要有白、黄、青、墨四种。白玉为上等玉材，最名贵者色似羊脂，质地细腻光润，称"羊脂玉"。黄玉和青玉的颜色变化由矿物中所含微量元素决定，主要是氧化铁（FeO）。墨玉的颜色是因其所含较多的细微石墨鳞片所致。和田玉属微透明体，在一定厚度下能透光，其光泽带有很强的油脂性，给人以滋润柔和的感觉。和田玉的韧性很大，即使在重锤打击下，也很难敲下一块，其抗压强度为2500～6500公斤/平方厘米，这十分有利于玉料的精雕细琢。

和田玉的毛毡状结构

分布与重要矿点

和田玉是基本由透闪石矿物组成的单矿物岩石，属于软玉的一种。世界软玉矿床不太广泛，规模一般较小，蕴藏量不多，因此软玉比较宝贵。不论是什么成因和哪种原岩形成的软玉，全世界均是以绿色为主色调的深色玉占绝大多数，浅色软玉很少，白色软玉更稀少。而几千年的软玉开发史说明，世界上极少的白色软玉就产于和田玉中，研究和田玉的分布与矿物特征，应当是有其特殊意义的。

和田玉产于新疆境内的昆仑山上。昆仑山横亘于新疆与西藏的交界处，北临沙漠广布的塔里木盆地，南面是辽阔的藏北高原。和田玉矿的分布，西起喀什塔什库尔干的安大力塔格—阿拉孜山，经和田地区南部的桑株塔格、铁克里克塔格、柳什塔格，东到巴州且末的阿尔金山北翼肃拉穆宁塔格，绵延长达1100多公里，在高山之上分布着和田玉的原生矿床及矿点，不少河流中还产出和田玉的籽玉。

和田玉主要矿点分布图

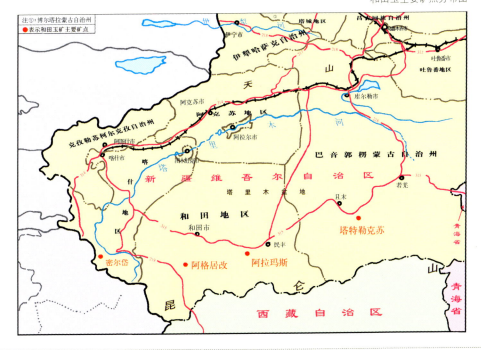

新疆所产的上等玉石分别在南疆的昆仑山区，东起且末西至塔什库尔干，共有玉矿点20多处，玉石带全长1100余公里。新疆玉石集散地有莎车、塔什库尔干、和田、且末；中部有天山地区的玛纳斯以及北疆的阿尔金山等地。

在和田玉的开采史上，以于田县的阿拉玛斯地段和叶城县的密尔岱地段所产玉料最为著名。

阿拉玛斯地段位于于田县阿羌乡柳什村东南，克里雅河支流阿拉玛斯河的源头。矿区海拔4500米。矿点有阿拉玛斯矿、赛底库拉木矿、快克赛依矿、哈尼

阿拉玛斯玉矿远眺

拉克矿等。阿拉玛斯矿床主要产淡青色的青白玉和微透明乳白色的白玉，青玉还不到5％，含青白玉和白玉比例如此高的矿床在全世界很罕见，是难得的优质玉材产地。造成这种现象的原因是侵入岩的化学成份铁低而镁高，成玉的围岩是纯净的白云石大理岩，成矿的温度不很高，CO_2未能形成晶质碳石墨等。

与阿拉玛斯玉矿开发有密切关系的柳什村

阿拉玛斯玉矿的开采史至少有3000年之久。柳什村旁有距今约3000年的古墓地，墓葬中出土了一件玉饰，说明此地玉石很早就已开发。"柳什"是当地维吾尔人发汉语"玉石"一词之转音，可见这个村子的形成与历史上该地区玉矿的开发有密切的关系。至今在采

矿坑壁上还留有清代采玉人书写的汉字。民国初年，天津人戚春甫、戚光涛兄弟在此组织开采，从采坑的上部（深约40米）掘出很多白玉和青白玉，其中高质量的白玉占三分之一，畅销北京、天津、苏州、扬州等地，深得琢玉厂家和购买者的青睐，于是此处被称为"戚家坑"，它成为和田玉优质山料的代名词。经过多年的开采，如今阿拉玛斯矿点上坑

新疆于田县柳什村墓地
出土的玉饰

洞累累，废弃的碎玉料随处可见。阿拉玛斯矿的采掘坑还显示出玉料颜色的垂直变化。20世纪60年代以前，该矿在浅部开采，产出等量的优质白玉和青白玉，无青玉出现，采矿者称为上层矿；60至70年代，主要产出青白玉，白玉的比例下降，属中层矿；80年代以后，掘至50米以下，未见大块体的白玉，青白玉的色调也较深，称为下层矿。由于浅部白玉常年为积雪所覆盖，雪与玉相映成趣，阿拉玛斯白玉遂有"冰清玉洁"之美誉。

阿拉玛斯玉矿洞中的青白玉矿脉

民国时期的"戚家坑"

阿拉玛斯玉矿遗弃的玉料

密尔岱玉矿

密尔岱山远眺

密尔岱玉矿远眺

密尔岱地段位于叶城县棋盘乡棋盘河上游，主要矿点有密尔岱矿及附近的要隆矿、苏格拉西沟矿、夏努提沟矿、要瓦西矿、库尔马提矿等。矿石多为青玉、青白玉，白玉极少。青玉矿体较大，产在闪长岩与白云石大理岩之间。青玉的硬度较大，韧度较高，敲击时声音非常清脆。青白玉的巢状矿体较小，一般产在白云石大理岩之中。青白玉的颜色为浅绿白色，硬度较青玉稍小，但韧度仍较高。矿石的裂纹一般较多。密尔岱玉矿在清乾隆（1736～1795年）时期大量开采，采玉达3000人之多，是当时采玉规模最大的玉矿。相传"密尔岱"一名的由来，是因古代有一位姓米的官员在此主持开矿，后不幸落水而亡，人们为纪念他，将此山称为"米大人山"，久而久之传为"密尔岱山"。直到道光元年（1821年），清政府停止了在和田的采玉生产，密尔岱矿大规模的采玉活动也随之结束。可以说密尔岱矿半个多世纪的开采史，是清代官府在和田采玉活动的缩影。

密尔岱矿所产玉石之所以

"大禹治水"图玉山局部　　　　　如今仍有人在密尔岱玉矿寻找玉料

驰名天下，主要有三个原因。一是块度大。由于该矿是露天开采，可以从矿脉外部剥离玉料，因此能获得很大体积的玉料，清代宫廷许多大型玉山的原料就来自此地，如"大禹治水图"玉山、"秋山行旅图"玉山和"会昌九老图"玉山等。二是产量高。乾隆时每年产玉估计不下5000公斤；嘉庆四年（1799年）采到大玉三块，"首者青，重万斤；次者葱白，重八千斤；小者白，重三千余斤"。三是玉质好、品种多。有白玉、青白玉、青玉等。其玉的声音清脆悠长，可以制作玉磬。如今在密尔岱山还可看见许多废弃的矿坑，每年夏季很多人到老矿上扎营，从清代遗留下来的矿渣中寻找玉料，运气好的仍可找到块度较大的玉料。

开采历史

　　早在远古时期，昆仑山就被人们视为"万山之祖"，称其为"唯天下之良山，宝玉之所在"，所产玉料就是著名的"和田玉"。和田，

雄伟的昆仑山

古称于阗，汉唐时期是丝绸之路西域南道上的重要国家。在今天和田市的东、西两面各有一条河流，分别称玉龙喀什河和喀拉喀什河。它们从昆仑山蜿蜒奔腾而下，在和田北面汇合为和田河，注入塔克拉玛干沙漠。这两条河以出产优质的和田玉料而闻名天下，其开采历史最早见于汉代文献。《史记·大宛列传》记载："汉使穷河源，出于阗，其山多玉石"。《汉书·西域传》也说："于阗之西，水皆西流，注西海；其东，水东流，注盐泽，河源出焉，多玉石"。所谓"河源"，是指和田河的上游源头，即玉龙喀什河和喀拉喀什河。考古发现表明，约在公元前20世纪，和田玉就开始向东传输。青海东部、甘肃中

新石器时代陶寺文化用和田白玉制成的玉簪首

"玉石之路"的终点——雁门关

部和东部一带的齐家文化，陕西北部和内蒙古南部的新华文化，以及山西中南部的陶寺文化遗址和墓葬中，都出土了少量和田玉制品。这说明最初和田玉的传输路线是从和田向东，沿塔里木盆地南缘进入青海，经青海湖、湟水谷地到兰州附近，再向东北经宁夏中部、内蒙南部或陕西北部，越黄河进入山西西北部，过雁门关后再折向南到达山西南部的中原地区。这条"玉石之路"大概一直延续了两千年，直到汉武帝时"丝绸之路"开通后，才合并为一条固定的路线。

和田玉与中原内地的玉料相比，具有品种多、产量大、质量好的特点。古人根据长期的治玉经验，经过对多种玉料的对比和筛选，最终选定了和田玉为玉料中的佳品，从而奠定了和田玉作为数千年来中国古代玉料来源的统治地位。至少在商代晚期（约公元前13世纪），和田所产籽玉即已大量输入中原内地，被制作成精美的玉器。河南安阳殷墟商代妇好墓出土的玉器中，有数件小型白玉雕就是用白玉河籽玉制作的。千百年来和田的玉料源源不断地输入中原，为中华文明的起源和进步起到了推动作用。

玉龙喀什河又称"白玉河"，多产白玉，特别是极品白玉"羊脂玉"；而喀拉喀什河则

河南安阳商代妇好墓出土的用和田籽玉制成的玉羊头

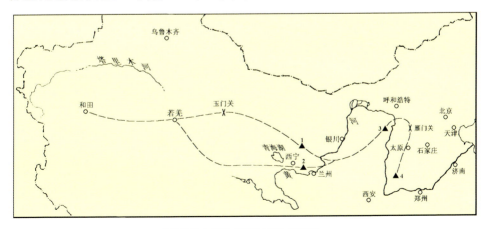

公元前二十世纪"玉石之路"路线图

—— "玉石之路"路线　　　▲ 古代遗址

1 甘肃武威皇娘娘台（齐家文化）　　2 青海民和喇家（齐家文化）

3 陕西神木新华、石峁（新华文化）　　4 山西襄汾陶寺（陶寺文化）

玉龙喀什河（白玉河）

墨玉河出产的籽玉

昆仑山上采玉人

多出墨玉，称"墨玉河"。白玉河所产之玉，正如清代陈原心《玉纪》评价的那样："其玉体如凝脂，精光内蕴，厚质温润，脉理坚密，声音洪亮……"由于自古至今人们对白玉的喜爱和追求，遂使白玉河成为数千年来采玉最重要的地方。和田玉的开采，一般有两种方式：一种是开采山料，称"攻玉"，在昆仑山上海拔4000～4500米的高度，有原生玉矿的成矿地带。每年5～8月天气转暖时，采玉人就会登昆仑雪山之巅掘坑取玉。另一种是在河流上、下游拣玉或挖玉。玉龙喀什河上游有条支流叫汉尼拉克河，它的尽头是现代冰川，称阿格居改。阿格居改的雪山处在玉矿的断裂带上，这里的冰川年复一年地侵蚀着

汉尼拉克河

玉矿带，将"山流水"块状的玉料挟带到河谷中。每年夏季冰川融化时，就有人来到这里在冰舌附近、冰盖下或冰碛物中寻找"山流水"，会偶有所获。在玉龙喀什河下游河滩上拣玉和挖玉，以及在河水中捞玉，是获得白玉河"籽玉"玉料的主要方式。每年春、夏时节，昆仑山积雪融化，形成山洪，河水暴涨时，会将"籽玉"冲刷出来。明代宋应星的《天工开物》

阿格居改的现代冰川是白玉河玉料的源头

里描绘了一幅白玉河捞玉图，人们于秋高气爽的月光之夜在河边察玉，"玉璞堆积处，其月色倍明矣。"还有采玉者由女人充当的奇异传说，如"其俗以女人赤身没水而取者，云阴气相召，则玉留不逝，易于捞取……"。

清朝统一新疆后，清政府于乾隆二十四年（1759年）在和田设办事大臣，并设"哈什伯克"（玉石官），督

在冰积物中寻找"山流水"

白玉河下游的采玉人

白玉河生产的籽玉

《天工开物》所描绘的白玉河捞玉图

白玉河上遗留的记载道光年间民间采玉的刻石

办采玉。从乾隆二十六年（1761年）起，官督民采成为和田采玉的主要方式，即在官员的监督下，役使当地采玉人捞玉，所得之玉全部归官。从乾隆二十五年（1760年）到嘉庆十七（1812年）年的52年间，共计贡进朝廷的玉石多达20余万斤，其中多数是在乾隆朝进贡的。嘉庆皇帝即位后，他对玉的兴趣远不及乾隆皇帝，而且此时皇家府库玉料充盈，于是嘉庆四年（1799年），清政府开放玉禁，准许当地民众开采和贩卖和田玉。官办的采玉生产虽未停止，但产量逐年下降。道光元年（1821年），清政府完全停止了和田的官办采玉生产，任随民间采挖、捞拣，不予干涉，于是从清代晚期至民国时期，民间开采和田玉之风逐渐兴盛起来，这块石头上的文字就是当时民间采玉历史的记录。

资源前景

众所周知，和田玉非常珍贵，其资源前景如何，是国内外人们关心的重点所在。

和田玉矿床地质情况非常复杂，地质调查困难而研究程度不高，在资源总量预测中，难以用国内外通行的预测方法。从地质成矿特征中可知，和田玉矿床已发现的主要有16处，其中10处已开采。从地质成矿条件推断，还没有发现新的矿床。这些矿床具有相似性，因此，在和田玉资源总量预测中采用了矿山模拟法。在此方法中的主要参数用采获率。采获率是指开采出的玉石中可用作工艺用的琢料玉数量与储量之比。根据地质和开采资料，采获率是很重要的。因为储量与工艺可用的玉石数量总是有差别的，其中有玉石质量等方面的地质原因，也有开采技术的原因。

由于和田玉矿床都在海拔3500米以上的高山峻

岭之上，交通极为不便，所有开采设备及生活用品全靠马队驮运，加之空气稀薄，每年只有5个月的工作期，条件之艰苦可想而知。目前新疆全年和田玉山料产量约在280吨左右，青白玉占75%，白玉占10%，其他色种占15%。由于交通困难，大型机械设备无法使用，目前还不能大规模开采。在近期内产量不会有大的提高。

行进在高山峻岭上的采玉驮队

岫岩玉

名称与种类

辽宁岫岩县产出的各种玉石，流传有许多名称，如岫玉、岫岩玉、花玉、甲翠、老玉、河磨玉、新山玉、蛇纹石软玉、绿泥石软玉等。这些玉石的名称在实际使用中存在许多问题，针对这些问题，在此提出岫岩玉的类别名称和相应的概念定义。

岫岩玉

指岫岩县境内所产出的各种玉石的总称。

各色岫岩玉

蛇纹石玉

指由蛇纹石为主组成的玉种，该区的蛇纹石是交代大理岩而成的，如蛇纹石量少时则称"蛇纹石化大理岩"（如当地俗称的黄石头、黑石头、白大块、圆枣绿等）

岫玉

岫岩所产蛇纹石玉品种的俗称或工艺名称。由于蛇纹石质玉在全国以岫岩所产的质量最好、储量最多、名气最大，因此其他地方所产的蛇纹石玉也常称岫玉。

花玉

蛇纹石玉一个特殊品种的俗称。是指蛇纹石玉在地表氧化带受次生褐铁矿浸染的玉种，即一部分富含硫化铁（黄铁矿、磁黄铁矿）的蛇纹石玉，当其处于近地表氧化带时，由于风化作用，其中的硫化铁发生分解，形成Fe^{3+}的溶液，沿着蛇纹石的裂隙渗透浸染形成黄褐色褐铁矿或红色赤铁矿从而使蛇纹石玉被染上黄色、褐色或红色的斑块和条纹。

甲翠

由"假翠"改称而来。经研究，该玉种是由绿色蛇纹石和白色透闪石组成的斑纹状玉石。考虑到其总体上蛇纹石居多，且与蛇纹石玉紧密共生，学术上可称透闪—蛇纹石玉。

岫岩河磨玉切片

岫玉河磨玉

指产于河套中的大大小小浑圆状的岫玉砾石。因风化作用，普遍发育一层灰白色或黄褐色的外皮。为了与一般所说的河磨玉（即老玉河磨玉）相区别，称其为岫玉河磨玉。

软玉

指以透闪石—阳起石为主组成的玉种。此名称在地质界已长期使用，在有关学术刊物和书籍中均使用这个名称，在国家颁布的宝玉石命名标准中也使用它。现在看来，这一名称很不恰当，似乎给人们以硬度小、档次低的玉石概念，造成了顾名思义的极大混乱，给珠宝业带来了很大麻烦。

闪石玉

指以透闪石—阳起石为主组成的玉种，与软玉同义，其英文名称均为Nephrite。由于上述软玉名称的弊病，在国家颁布的《珠宝玉石名称》标准中规定可以另外使用"闪石玉"名称。由于透闪石是由透闪石和阳起石矿物类质同象系列所组成，在具体运用时，如果基本上由透闪石组成即可称"透闪石玉"，如果基本上由阳起石组成则可称"阳起石玉"。岫岩闪石玉绝大部分由透闪石组成，仅有少部分墨玉是由阳起石组成。

老玉

指以产于岫岩县细玉沟沟头为代表的闪石玉，属山料。该名称的由来说法不一，有的说是由于硬度比蛇纹石玉高，所以称"老"玉；有的说法是由于山头上有"古采坑"，表明其开采比蛇纹石玉早，因此称"老"玉。

岫岩老玉

河磨玉（老玉河磨玉）

指产于河谷底部或两侧阶地泥沙砾石层中的大小不一、浑圆状的闪石玉砾石。因受风化作用，普遍发育一层红褐色或黄褐色的外皮。

玉料质量评价

岫岩玉分为蛇纹石和透闪石两个品种。下面从颜色、透明度、净度、质地、裂隙、跑色程度和块度等方面评价其质量。

颜色

颜色是决定玉石价值的首要因素，应从色调、浓度、纯度、鲜艳度和均匀度五个方面进行观察分析。

色调　色调是指颜色的种类，也称色相。蛇纹石玉的色调繁多，主要有绿色、黄色、橙色、青色、黑色、白色以及其间各种各样的过渡色。对蛇纹石玉色调好与差的评价，总体上以绿色为最佳，这和翡翠以绿为上的情况类似，而其他各种颜色相对欠佳。岫岩闪石玉色调主要有白色、黄白色、黄绿色、绿色、黑色和糖色等。与蛇纹石玉色调评价不同的是，闪石玉不以绿色为最佳，而以白色为最佳色调，其他色调相对欠佳。由于岫岩地区发现的白玉非常少，因此黄白色闪石玉在该地区的地位最为突出，成为最佳的种类。

浓度　颜色的浓度是指颜色的深浅程度。粗略一点，可将颜色分为深、中、浅三级，细一点，可将颜色浓度分为很深、深、中、浅褐、淡五级。颜色浓度好与差的评价不一定越深越好，对绿色者以中和深为佳，很深或浅则欠佳。对黄色和黑色则一般是越浓越好。对不同色调的闪石玉，其浓度的要求不同，对绿色者以中深浓度最佳，太深太浅都不好，对白色者则越白越好，对黑色者则越黑越好。

纯度　蛇纹石玉一般是越纯正越好，偏色则较差。如绿色，以正绿为最好，偏黄、偏青、偏灰等则较差。闪石玉颜色纯度可分为纯正、较纯正和偏色三级。对闪石玉颜色纯度的评价，一般亦是越纯正越好，偏色则较差，如黑色，以正黑为最好，偏灰、偏青则较差。如绿色，以正绿为最好，灰绿、蓝绿均较差。岫岩地区闪石玉纯正颜色者少见，偏色者居多。

鲜艳度　鲜艳度是指颜色的明亮程度，一般可分为鲜艳、较鲜艳和暗淡三级，或很鲜艳、鲜艳、较鲜艳、较暗淡和暗淡五级。对蛇纹石玉颜色鲜艳度的评价，显然是越鲜艳越好，越暗淡则越差。闪石玉颜色的鲜艳度可分为鲜艳、较鲜艳和暗淡三级。岫岩地区闪石玉颜色鲜艳者较少。

均匀度　均匀度是指颜色分布的均匀程度，一般可分为很均匀、较均匀和不均匀三级，或很均匀、均匀、较均匀、欠均匀和不均匀五级。对蛇纹石玉颜色均匀度的评价，一般是越均匀越好，不均匀则差。但对某些蛇纹石玉品种则不然，如花玉，各种红、褐、橙、黄色调与变化多端的花纹，往往构成奇特美丽的画面，反而更加珍贵。再如甲翠，其绿色和白色相间可组成很美丽的花纹。闪石颜色自然是越均匀越好。闪石玉颜色的均匀程度可分为均匀、较均匀和不均匀三级。闪石玉的原生色一般比较均匀，但叠加了各种色调和浓度的次生色（如棕红色、黄褐色、灰黑色等），则变得不均匀了。

透明度

透明度是指光线自由透过的程度。当光线投射到玉石表明时，一部分从表面反射，一部分光将进入玉石里面而透过去，由于组成玉石的颗粒粗细不同、晶形不同及排列组合不同，光线通过的能力也就不同，光线通过得越多则其透明度越好，光线通过得越少则其透明度越差。玉石行业内一般将透明度称为"水头"，透明度好称为

"水头足"或"水头长"，玉石显得非常晶莹和水灵。透明度差称为"水头差"或"水头短"，玉石则显得很"干"或"死板"。

透明度对评价玉石很重要，透明度高的玉石可大大增加其美感。岫岩蛇纹石玉的一个突出特点是总体上透明度较高，不但比其他地区的蛇纹石玉透明度高，而且比其他大多数玉石种类的透明度都高。岫岩蛇纹石玉之所以被称为我国四大名玉之一，可以说透明度好这一点起了关键性作用。透明度的好与差可以根据光线透过一定厚度的影像清晰程度半定量地予以表示，如用1厘米厚的蛇纹石玉为标准，在室内白光条件下，能清楚透过者为好；隐约透过者为中；不能透过者为差。

闪石玉有蜡状光泽、油脂光泽和玻璃光泽，其中以油脂光泽为最佳，它可使玉石显得有温润感。其次是玻璃光泽，而蜡状光泽欠佳。岫岩地区闪石玉以玻璃光泽为主。

净度

净度是指玉石内部的干净程度，即含杂质和瑕疵的多少程度。

蛇纹石玉由于透明度较好，肉眼观察即可明显看到内部的杂质和瑕疵，易于判断其净度的好坏，通常蛇纹石玉中的杂质有白色絮状物、白色米粒状、黑色等杂质。对蛇纹石玉净度好与差的评价，自然是杂质瑕疵越少越好，越干净越好。

岫岩闪石玉主要为不透明和微透明，半透明较少。闪石玉的净度取决于其含杂质和瑕疵的多少。据观察，岫岩闪石玉主要有两类瑕疵：一类是白色和黑色的瑕疵，经研究主要是由原生的粗粒残留矿物引起的；一类是黄色或褐黄色的斑点，经研究，主要是由次生矿物褐铁矿类引起的。

裂隙

裂隙俗称绺。裂隙对蛇纹石玉质量有明显的

负面影响，沿裂隙可使蛇纹石玉的透明度降低，次生杂质充填，降低了蛇纹石玉的美感，影响了蛇纹石玉的耐用性。裂隙越多越大，则蛇纹石玉的质量较差。裂隙越少越小，则蛇纹石玉的质量越高。

由于闪石玉有很强的韧性，相对其他玉来讲，裂隙比较少。块体比较大时可有明显的裂隙，次生杂质充填其中，降低了玉石的质量。裂隙越多、越大，则质量越差。

质地

玉石的质地越细越好，越均匀越好，玉石是多晶集合体，晶体颗粒的大小决定了玉质的细腻和粗糙程度，即晶体颗粒越小则玉质越细腻，晶体颗粒度越大则玉质越粗糙。一般用肉眼观察，如有明显的颗粒感，则颗粒较粗；如无颗粒感，则玉质比较细腻。如在10倍放大镜下也无颗粒感，则玉质就非常细腻了。总体来讲，蛇纹石玉基本上是隐晶质的，因此其质地大多数是比较细腻的，少数稍显粗糙。质地与透明度和抛光性有直接关系，即质地越细腻，其透明度越高，抛光性越好，表面反光越强，增加了蛇纹石玉的美感，提高了蛇纹石玉的质量。反之，质地越粗糙，透明度越差，抛光性越差，降低了蛇纹石玉的质量。

由于组成闪石玉的矿物颗粒较细，多数在0.01～0.1毫米之间，属隐晶质，肉眼见不到颗粒，只有在显微镜下才能看清其晶形，一般呈纤维状、毛毡状，交织在一起，因而其结构非常细腻，从而抛光性也好。但也有少量闪石玉颗粒比较粗，质地比较粗糙。在岫岩北瓦沟蛇纹石玉矿中产一种白色闪石玉，呈小透镜体产出，量很少。此种闪石玉虽然呈白色，但质地较粗，肉眼即可见透闪石的针状闪光面，因此质量大受影响。另外，在片岩中出产的深色闪石玉，质地也比较粗糙。

跑色程度

从市场上买回的蛇纹石玉雕件，经常可以发现有的雕件经过几天的时间，其颜色变浅了，透明度变差了，杂质由模糊变清楚了，此现象称为"跑色"。显然，这种跑色现象降低了蛇纹石玉的质量。这是由于蛇纹石玉失水所造成的。众所周知，许多种矿物都含有水的成分，水在矿物中有多种存在形式，有结构水、层间水、吸附水等。吸附水是充填在粒间和裂隙中的水，常温下即可脱失。据此分析推断，蛇纹石玉在常温下脱失的水是吸附水，可能有部分层间水。水是导致蛇纹石玉颜色和透明度高的重要因素，失水则会造成蛇纹石玉颜色变为浅褐，且透明度变差。有些商家根据经验，将容易跑色的蛇纹石玉在出售前放于水中一段时间，然后拿出来出售，由于蛇纹石玉重新吸足了水，颜色和透明度均变好，价格即提高，然而当买了以后不久，因脱水其颜色和透明度将会变差。

跑色现象实质上是跑水现象，对蛇纹石玉的质量影响很大，可以说是蛇纹石玉的一个致命的缺点。据观察统计，跑色现象在蛇纹石玉中是不均一的，有的蛇纹石玉不跑色，有的蛇纹石玉跑得轻，有的蛇纹石玉跑得厉害。从观察经验看，跑色的轻重与其透明度有直接关系，透明度很好的蛇纹石玉一般不跑色，透明度稍差些的（看起来有些混浊感）一般跑色厉害。

块度

对于同等质量的蛇纹石玉和闪石玉，显然，其块度越大价值就越高。

分布与矿物特征

蛇纹石矿位于岫岩县城西北40公里的哈达碑镇瓦沟，产区范围长达50公里，总储量1.76万吨。蛇纹石是镁质碳酸盐岩、镁质基质岩、超基性岩的交代蚀变矿物，产于接触变质的镁质大理岩中，化学成分为二氧化硅（SiO_2）、氧化镁（MgO）、氧化钙（CaO）、水和杂质。岫岩蛇纹石玉质地细腻，颜色通常为绿色，半透明至不透明，蜡状至油脂状光泽，摩氏硬度2.5～5.5，比重2.5～2.8。其中有一种硬绿蛇纹石，称为"鲍文石"，硬度稍大。

岫岩蛇纹石标本

透闪石矿位于岫岩县偏岭镇与海城县交界处的细玉沟，所产玉料又称"岫岩软玉"。岫岩软玉的透闪石含量达95%以上，杂质很少。颜色主要有黄白色、浅绿色、青色和黑色，中间还有一些过渡的颜色，有玻璃光泽和油脂光泽。摩氏硬

岫岩透闪石产地——细玉沟　　　　　岫岩闪石玉山料

岫岩软玉标本

度为6～6.5，比重2.91～3.02。根据地质产状的不同，岫岩软玉可分为原生矿和砂矿两类。原生矿即开采山料，俗称"老玉"，块度大小不一，形状各异，多为棱角状，有的有白色风化表皮。砂矿指细玉沟旁河谷底部及两岸阶地泥沙砾石层中的软玉砾石，俗称"河磨玉"，系原生矿剥落的玉料在河床中长期滚磨而成，一般磨圆度中等，有褐红、褐黄、灰褐和黑色的玉皮。岫岩软玉的内部常见片状褐黄色，俗称"糖色"，系微量铁元素渗透扩散天然染色所致。这种糖色在老玉中较多，在河磨玉中少见。

岫岩透闪石玉原生矿脉

岫岩软玉玉料

出产河磨玉的古河床

岫岩河磨玉

开采历史

古代文献记载辽东有"医无闾山"，产"珣玗琪"之玉及"夷玉"，就是今天的岫岩玉。辽宁海城小孤山距今12000年的旧石器晚期的古人类洞穴遗址中，出土3件蛇纹石制成的砍斫器。分布于内蒙古东部和辽宁西部史前时期的兴隆洼文化和红山文化玉器，大部分也是用岫岩软玉制作的。商代妇好墓出土玉器中，也有一些是用岫岩玉制作的。在中国东部地区新石器时代晚期各原始文化之间物质交流中，岫岩软玉曾扮演过重要的角色。如山东地区的大汶口文化和龙山文化的玉器中，有一部分黄绿

新石器时代兴隆洼文化用岫岩玉制成的玉玦

新石器时代红山文化用岫岩玉制成的玉猪龙

新石器时代红山文化用岫岩软玉制成的玉箍形器

新石器时代红山文化用岫岩玉制成的勾云形玉佩

新石器时代龙山文化用岫岩玉制成的玉斧

新石器时代良渚文化用岫岩玉制成的玉琮

满城汉墓出土的玉衣

色的玉器就是用岫岩软玉制作的，同样现象也出现在江浙一带的良渚文化玉器中。这说明当时存在一条玉石传输路线，这条路线从辽东半岛出发，经渤海海峡的庙岛群岛到胶东半岛，然后源源不断地将岫岩软玉输送到山东内地及江南地区。河北满城汉代中山王墓出土的玉衣片，外观上与岫岩玉很近似，可能是用岫岩玉制作的。岫岩玉在清代晚期大量开采，又称"新山玉"，因多在苏州雕琢加工，也称"苏州玉"。

清代及民国年间，开采原生玉石矿床的方法还很原始，主要运用锹、镐、钻、凿等工具。在地表发现矿藏后，须先扒"崂"。即挖出浮土，再掘坑取玉。如遇地下水涌出，则以柳罐斗将水汲出。遇大块玉则以凿钻孔，装上炸药爆破，然后取出玉石。因此所得良玉不多，因为玉料被震会出纹绺，所以难以雕琢出好的玉雕品。

1928年编的《岫岩县志》对哈达碑镇瓦沟的采玉情况有一段记载："邑西瓦沟为产玉之场所，昔时由工人自行创采，久则玉工增多，所制之物品亦广，随由地主自行开采，转售玉铺，玉

石分红、墨、白、翠，唯翠色者次之。近年以来
各玉铺工艺增进，琢磨玉器亦较前进步，所望邑
人宜留心提倡之。"

　　在几千年的历史进程中，采玉方法由易到
难，由简单到复杂，由一种方法发展到多种方
法。最初，人们在河边或山脚、地头拣起美丽的
玉石，以后又从河水中捞取卵形的玉石，再而，
从河谷阶地的砂砾中挖出河流冲积物中的美玉，
再沿河追索，从而发现产出在岩石里
的原生玉矿。采玉方法主要有三种：

拣采与捞采

　　拣采与捞采，就是在山坡、山
脚、河漫滩中拣玉石和在河床捞玉
石。这些玉石是由山上的原生玉矿被
破碎暴露在地表，经风化、剥蚀、搬
运，堆积在山坡、山脚、河床和河漫
滩的。

　　岫岩县偏岭镇细玉沟，因出产
"细玉"而得名。《岫岩县志》有这
样一段记载："北区有村，名细玉沟
者，沟心有河一道，长约十余里，直
通大河，夏季水涨后，村民沿河采
玉，玉质外包石皮，内蕴精华，所谓
石蕴玉者，此颇近似。质润而坚，其
玉色白如猪脂、红似樱桃者为上；黄
白色及蛋青色次之。"那一年，村民们竟获好玉
上万斤，悉被杭州客商购去。

近年来采捞的河磨玉（上下图）

　　细玉沟之玉，长久被人们视为"无根之
玉"，因此习惯于在细玉沟沿河采玉，并称为
"采河磨"，采出来的外包石皮、内藏美玉之
玉，称为"河磨玉"。采河磨玉多在夏季河水暴
涨后进行，因为这时河磨玉往往会被冲露出来。

　　20世纪80年代，由于洪水较多，细玉沟一
带已长期鲜见的河磨玉突然增多。1987年夏，一
农民在河中洗澡，触到一块细腻的石头，捞出后

发现竟是一块近20千克重的晶莹玉石。80～90年代，偏岭金矿的采金船在细玉沟东侧的白沙河淘金作业，经常捞出大小不等的河磨玉，在矿部院内曾一度"堆积成山"。但是，近年来细玉沟的河磨玉已很少见了。

挖采

挖采，是指离开河床，在河谷阶地、古河道和山前冲积、洪积扇砾石层挖取玉石。这些地方的玉石也是由河床带来的，但早已离开了河道。砾石层之上往往有松散的沉积物覆盖，玉石不易被发现，而且采出不易，需要寻找、挖取，把其他砾石剔除，才能获得玉石。获取率不高，不如拣玉、捞玉明显。因此，只有当地有了产出玉石的可靠消息，而且大有希望时，才会吸引人们去挖玉。

长期以来，人们在下河采河磨玉的同时，还不时地在河道两边的阶地、古河道和山前冲积、洪积扇上挖采河磨玉。

掘采

掘采，就是开采山玉，即开采玉石的原生矿床。原生矿床一般都埋藏在地表以下，因地质作用的原因，有的矿藏也暴露在地表，但都是整块的岩石，而不是松散的沉积物，所以发现矿藏不易，开采亦难。原生矿的开采，历史上一般都是从地表露头的发现、开采开始的，后来才逐步创造条件进行井下开采。

岫岩山玉掘采矿口和矿洞

1957年，岫岩县建立玉石矿后，开采工艺基本上沿袭旧式手工作业，露天开采。20世纪60年代后，修建了矿山专用公路，架设了专用输电线路，增设了凿岩机、空压机、抽水机、卷场机等矿山设备。70年代起，逐渐转入井下开采，基本实现采掘、运输机械化。80年代以后，又引进灌入式、涨药法等开采新工艺、新技术，使玉石的利用率比爆炸法提高了20%。

由于细玉沟长时间未发现原生矿床，为了寻找"无根之玉"的根。1919年，一位营口人开设的"大岭矿业公司"开始在细玉沟严家玉石碴子一带，挖掘坑口寻找原生矿，因未发现矿体而作罢。1935年，侵华日本人也曾沿河寻找矿脉，终因无甚收获而止。1957年，偏岭沟乡（今为偏岭沟镇）组织人力找矿，发现一处露天古采坑遗址，说明这里曾开采过玉石，人们沿此向纵深挖掘，于是找到一条新的矿脉。此矿体长约数十米，最宽处5米，所得尽为良玉，颜色有碧绿、青绿、黄白等色。从此，细玉沟原生闪石玉矿再次得到开采。

用岫岩河磨玉和山玉制成的玉器

独山玉

分布与矿物特征

独山玉因产于河南省南阳市东北约8公里处的卧龙区七里园乡独山村而得名，也称"南阳玉"。南阳玉色泽鲜艳，质地比较细腻，光泽好，硬度高，可同翡翠媲美。德国人曾称其为"南阳翡翠"，苏联地质学家基也

独山远眺

独山玉玉料

现代独山玉雕作品

夫林科曾把南阳玉归属于翡翠类型的玉石矿床。据河南地质工作者近几年的研究，探明南阳玉是一种蚀变斜长岩，组成矿物除斜长石外，还有黝帘石、绿帘石、透闪石、绢云母、黑云母和榍石等，化学成分属钙铝硅酸盐岩类。经过显微镜鉴定，玉质含有多种蚀变矿物，蚀变作用以黝帘石化、绿帘石化和透闪石化为主。由于玉石中含各种金属杂质电素离子，所以玉质的颜色有多种色调，以绿、白、杂色为主，也见有紫、蓝、黄等色。独山玉硬度较大，为摩氏6.5～7，比重3.29。独山玉质地细腻，多数呈不透明至半透明状，抛光后有玻璃光泽。由于含有多种金属色素离子，独山玉颜色一般不均匀，常有杂质、白筋、裂纹等，各色往往相互交错混杂。

独山玉色彩多样，花样齐全，浓淡兼备，而且质地细腻，致密坚硬，是工艺美术雕件的重要玉石原料，常常被琢磨成山水花鸟，很少加工成镯、佩、坠等饰品。

开采与使用历史

独山玉开采已有很长的历史，南阳地区的新石器时代仰韶文化遗址

商代用独山玉制成的玉牛

中就出土有用独山玉料制成的玉铲和玉璜。安阳殷墟出土的玉器中，也有不少独山玉制品。另据《汉书》记载，独山脚下的沙岗店村，汉代叫"玉街寺"，是当时生产和销售玉器的地方，距今已有2000余年的历史。20世纪40年代考古学家李济对殷墟等地出土的62件玉器做

元代用独山玉制作的"渎山大玉海"

了比重和硬度测定，确定了商代晚期就有独山玉的存在。1976年发掘的商代妇好墓中也有独山玉制品。加拿大安大略博物馆还收藏有一件商代独山玉制作的玉牛。战国时期南阳地称宛，手工业十分发达，技术水准很高，特别是所产铁器，天下闻名。西汉时期这里为南阳郡郡治宛城所在地，设有工官、铁官。东汉时期的南阳豪强地主的势力强大，庄园经济繁荣，形成了全国商业中心。这些因素成为南阳玉雕业形成和发展的强大动力。汉代文献称独山为"玉山"，独山脚下的沙岗店村，汉代称"玉街寺"，有加工、销售玉器的地方。北魏郦道元的《水经注》和明代李时珍的《本草纲目》也都提到了独山玉，可见独山玉开采历史之悠久。放置于北京北海团城内的元代巨雕"渎山大玉海"玉瓮，是最大的一件古代独山玉作品。独山玉经数千年的开采，当地遍山洞穴累累，古代的采玉坑多为竖井式，由于使用工具较原始，所以一般较浅。

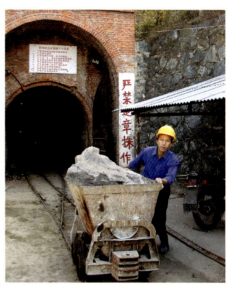

现代独山玉矿的开采

现代独山玉矿的开采

蓝田玉

分布、矿物特征与分类

蓝田玉分布于陕西蓝田玉川、红星乡一带，距县城约40公里。采矿点位于公王岭后面的玉川山，开采容易，交通便利。

蓝田玉蕴藏在秦岭太古代秦岭群顶部一层变质较深的黑云母角闪片麻岩中，呈夹层产出，断续延伸数公里。蓝田玉主要是蛇纹石化

蓝田玉矿

大理岩，矿物成分为方解石、蛇纹石及少量透闪石、绿泥石等，硬度一般小于摩氏6度，颜色有

出产蓝田玉的玉川山

蓝田玉矿脉

蓝田玉矿石（左右图）

白色、灰白色、黄色、黄绿色、灰绿色、绿色和黑色等，大多不透明，其特点是多种颜色混杂一起，形成绚丽多彩的颜色。其中玉质最佳者为苹果绿色，杂质较少，透明度高，俗称"翠绿"。

蓝田玉有翠玉、墨玉、彩玉、汉白玉、黄

各色蓝田玉料

蓝田玉雕制品（左右图）

玉等名称，多为色彩分明的多色玉，色泽好，花纹奇。据近年勘测，蓝田玉储量达100万立方米以上，主要分布在玉川乡和红门寺乡。当地民间玉匠过去都是用人工采玉加工，近年来开始使用机械采石加工，生产出多种多样的装饰品和工艺品。

开采与使用历史

蓝田玉开发历史很早，据说曾发现过用蓝田玉制作的史前时期的玉璧，传说秦始皇的玉玺也是用蓝田玉做的。从考古资料来看，最早的一件蓝田玉制品是陕西西安附近沣西张家坡西周墓

西周用蓝田玉制成的玉琮

地出土的淡黄色蛇纹石玉琮，距今约3000年。蓝田玉的名称初见于《汉书·地理志》，美玉产自"京北（今西安北）蓝田山"。其后，《后汉书·外戚传》、张衡《西京赋》、《广雅》、《水经注》和《元和郡县图志》等古籍，都有蓝田产玉的记载。至明万历年间，宋应星在《天工开物》中称："所谓蓝田，即葱岭（昆仑山）出玉之别名，而后也误以为西安之蓝田也。"从此引起后世人的纷争，有的说蓝田根本不产玉，有的说即使产玉可能也是菜玉（色绿似菜叶的玉石）。20世纪70年代，陕西地质工作者在蓝田发现了蛇纹石化大理岩玉料，认为它就是古代记载的蓝田玉。这一发现不仅引起了寻找珠玉原料的地质界重视，也引起了考古工作者的关注。1982年，地质矿产部地质博物馆展出了上述蓝田玉的原石。这种蛇纹石化强烈时，局部已经变成与岫玉相同的玉石了。玉质从外观上看，有黄色、浅绿色等不均匀的色调，并伴随浅白色的大理岩。玉石虽然不很美观，但因为蓝田地处西安古城附近，玉质硬度为摩氏4左右，容易加工，所以古人是有可能采用其玉石制作装饰品的。

汉唐时期，蓝田玉的使用达到高潮。许多文献史料及诗词歌赋都提到了蓝田玉，如《汉书·地理志》和《后汉书·郡国志》都说蓝田出美玉；班固的《西都赋》和张衡的《西京赋》中对蓝田玉赞美有加；唐玄宗曾令"采蓝田绿玉为磬"；诗人李商隐的《锦瑟》则有"蓝田日暖玉生烟"的著名诗句。汉唐时期大量开采和使用蓝田玉是有其历史背景的。首先，中国古代玉文化在汉唐时期处在发达阶段，社会各阶层用玉蔚然成风，追求美玉成为时代的潮流；其次，当时的玉材以

和田玉为上，但和田采
玉和运输甚为艰难，其
输入量难以满足汉唐盛
世用玉的需求，蓝田玉
正好填补了这个空缺；
再者，蓝田地近汉唐都
城长安，玉矿蕴藏量很
大，而且开采和运输都
极为便利，因此被大量
使用。历代皇室和显贵
都视蓝田玉为珍宝，秦

汉代用蓝田玉制成的
四神纹玉铺首

始皇曾用蓝田玉做玉玺，杨贵妃的玉带也是蓝田
玉制作的。用蓝田玉制成的玉器翠色晶莹，神韵
横生。

　　汉唐时期的蓝田玉遗物近年来逐渐被发现。
陕西汉茂陵陵园的外城范围内，曾出土一件用一
块完整的苹果绿色玉料雕成的四神纹玉铺首，高
34.2、宽35.6、厚14.7厘米，重10.6公斤。其
正面雕成兽面纹，张目卷鼻，牙齿外露，形象甚
为凶猛。兽面两边浮雕青龙、白虎、朱雀、玄武
的形象。经检测，这件玉铺首在质
地、色泽、外观组织、比重、硬度方
面与现今蓝田玉矿石极为接近，可以
断定它是用蓝田玉中的佳品"翠绿"
玉制成的。西安碑林博物馆藏有一尊
隋代弥勒佛像，高约2米。由于长期
的摩挲，佛像的膝部和胸部露出了蓝
田玉的玉质特征，可以看出这尊佛像
是用蓝田玉中不透明的黄绿色玉石雕
成的。

隋代用蓝田玉制成的玉弥勒佛像

　　唐代以后，随着政治、经济中
心移出关中地区，蓝田玉的使用衰落
下来。在此后的1000余年间，蓝田玉
逐渐被世人所淡忘，并逐渐变成了
一个谜。宋代《本草图经》说，今蓝
田不闻有玉。而明代宋应星在《天

工开物》则说，蓝田是葱岭出产玉料的地名，更是将蓝田玉定在了今中亚一带。直到20世纪70年代末，随着中国改革开放的开始和商品经济的发展，蓝田玉逐渐被开发出来，并制成装饰品和工艺品进入市场。

小梅岭玉

分布与矿物特征

小梅岭玉料

小梅岭玉料

小梅岭玉产于江苏溧阳小梅岭村东南部，横贯宜溧地区的茅山支脉上，系透闪石软玉。小梅岭玉矿体是镁质碳酸盐岩与酸性侵入体接触，发生接触交代变质形成的。透闪石岩矿体在地表露出，宽度为几米至几十米，长达30多米。上层多颗粒较粗的透闪石岩矿，下层是品质较好的透闪石软玉。透闪石岩呈白至灰白色，质地细腻。透闪石软玉质地更细腻，呈白至青绿色，结构致密，透明度较好。小梅岭玉摩氏硬度为5.5～6，平均比重2.98。梅岭玉的矿物肉眼是看不清楚的，只能在高倍显微镜下观察，即梅岭白玉多数薄片中的矿物单一，均由针状、纤维状的透闪石矿物组成。透闪石矿物颗粒直径一般为0.01～0.05毫米，矿物的颗粒越细，透明度越好，质量越佳。

开采与使用历史

小梅岭玉的开采和使用不见于文献记载，目前所见透闪石岩矿床是20世纪80年代以来发现的。1984年江苏地质调查研究所的科技人员，在溧阳南部小梅岭地区发现了一种速烧节能的陶瓷原料——透闪石岩；1989年，地质学家钟华邦

江苏武进寺墩新石器时代良渚文化墓葬出土的用小梅岭玉制成的玉琮

先生对溧阳小梅岭地区的透闪石岩矿体进行踏勘取样，果然发现有质地细腻、具有一定透明度的软玉。经室内薄片鉴定、化学分析、X光衍射分析、电子探针测试后，认为小梅岭玉中质量较佳的透闪石软玉与江苏武进寺墩、吴县草鞋山等地出土的良渚文化部分玉器相同或相近，钟华邦先生依据其产地命名为"小梅岭玉"。因此，可以确认小梅岭是良渚文化玉器原料的重要产地之一。

龙溪玉

分布与矿物特征

龙溪玉产于四川汶川龙溪乡直台村。玉石矿体呈层状延伸，厚0.1～0.5米不等，最厚处可达1～2米。矿洞内的玉石颜色有淡黄、米黄、淡绿、黄绿色等。龙溪玉玉质颜色除了黄绿或淡绿色，还有绿、深绿、青灰及灰白色，裂纹较多，通常含少量白云石、滑石。这与成分中有铁、镁、锰等元素存在有关，龙溪玉从不透明到半透明，质

龙溪玉料

地细腻，有玻璃光泽，摩氏硬度约5.5~6，硬度2.95~3.01。龙溪玉表面光泽较暗，但抛光后为油脂光泽，有的有明显的星状或绢丝状反光。龙溪玉基本上是透闪石的单矿物岩石，它与透闪石石棉、方解石块体和伊利石脉密切共生，由透闪石纤维集合体构成。

开采与使用历史

龙溪玉的开采和使用不见于文献记载，但它的矿物特征与四川成都平原商周时期的三星堆遗址和金沙遗址出土玉器质料基本一致，因此，可以确定龙溪是商周时期成都平原玉器原料的产地。

四川成都金沙遗址出土的商周时期用龙溪玉制成的双阑玉斧形器

花莲玉

分布与矿物特征

花莲玉产于台湾中部的花莲丰田乡知门干溪支流清昌溪的山脉中，俗称西林地区。花莲玉属于蛇纹岩型，产于蛇纹岩与结芯片岩的接触带上，接触带有透辉石化，并有石棉共生。玉有两种颜色：一种为草绿色或带黄色的绿色；另一种为浅绿色、淡黄和蜜黄色，少数为暗绿色。组成矿物除透闪石外，还有滑石、透辉石、石榴石等。

花莲玉料

花莲玉料

台湾卑南文化耳饰玉玦

开采与使用历史

花莲玉的开采和使用不见于文献记载，但它的矿物特征与台湾台东卑南史前文化遗址出土玉器质料基本一致，因此，可以确定花莲玉是卑南文化玉器的原料。

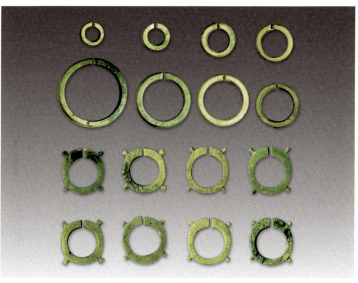

酒泉玉

分布与矿物特征

酒泉玉产于甘肃祁连山脉，因又有祁连玉之称，属蛇纹石族玉石。半透明，以绿色为多，带有均匀的黑色斑点。摩氏硬度为4.5～5。

开采与使用历史

酒泉玉的开采史可上溯到新石器时代，甘肃武威娘娘台遗址出土的齐家文化的精美玉璧，即以酒泉玉制成。

青海玉

分布

青海软玉产于青海省格尔木市西南、青藏公路沿线100余公里处的高原丘陵地区，至今已开采的矿点大约有3处。当地海拔高程虽高，但相对高差不大，交通较为便利。该地产出的玉料以矿采山料为主，少量山流水（戈壁）料，未见典型籽料。产出地段属昆仑山脉东沿入青海省部分，西距新疆若羌县境约300余公里，与东昆仑山沿线，尤其是若羌、且末等地产出的和田玉，在地质构造背景上有着密切的联系。

带水线的青海玉料

特征

青海玉最大的特点就是透，且颜色偏灰暗，它打磨出来后的视觉感受是水气大，而不是油性强。透视看得见玉里有水线（玉筋）而和田白玉没有，即使青海白玉选取最纯白的部分，也避免不了浅透明带玉筋的特征，这是分辨青海玉的要点。

青海玉在产出早期，被称为昆仑白玉、昆仑玉、青海翠玉（翠绿色品种）等。青海玉按其颜色特征分为白玉、青白玉、青玉等品种。商业品种与和田玉基本相同，其颜色特征较为丰富，例如青海软玉中的翠绿色、烟灰—灰紫色品种在传统和田玉品种中都是少见或罕见的。现将各品种及特征分述如下：

白玉

青海软玉的主要品种，也是早期产量最大的品种。一段时间内习惯称为"青海白"。为灰白—蜡白色，半透明，透明度明显高于传统白玉。质地细润，产出块度较大。原料中以灰白—蜡白色品种为主，也有不少达到羊脂白玉。业内人士根据其不同的外观特征，形象地描述为：奶白玉、透水白玉、梨花白玉、米汤白玉等品种。青海白玉质地细润均匀，块度大，属上等好料，但其多数透明度偏高，凝重质感不足，做薄后尤显轻飘。主要内含物特征有：白色石脑、僵花、灰白色絮状棉绺、灰色半透明—透明的"水线"、黑褐色—黄褐色斑点状、树枝状的黯点。

青海白玉

带僵花的青海玉

青白玉

为浅灰绿—青灰色、浅黄灰色等，颜色淡雅清爽，半透明，质地细腻均匀。其透明度明显大于和田青白玉，水头足，油性好，很受业内人士欢迎。常被形象地称为：透青白、淡青白、鸭蛋青。主要内含物特征：白色石花石脑、絮状棉绺、黑褐色斑点、黯花。

青海青白玉

青海青玉

青玉

青灰—深灰绿色，色调较闷暗，发黑，半透明，质地细腻均匀。透明度和质地优于和田青玉，水头足，油性好，适宜制作大中型摆件、器皿，做薄后色调转亮，庄重典雅，声韵铿锵，为近年来少见的质量上乘的青玉。近年青海产青玉中有一种暗绿色品种，有人称呼为"青碧玉"，玉质细腻坚硬，很受欢迎。主要内含物特征：白色絮状棉绺，夹有石线、灰黑色斑点团块等。

青海烟青玉

烟青玉

浅—中等灰紫色、烟灰色、紫黑色。烟灰色中略带紫灰色调，色暗。颜色极有特征，在传统和田玉品种中罕见。半透明、质地细腻滋润。有人称其为紫罗兰、藕荷玉、乌边玉、乌青玉等。因颜色特征明显，可以说是青海玉的一个标志品种。该品种有呈独立的薄层产出的，也有在白玉料边缘形成黑边白玉、黑皮料等具产地特征的白玉料。因其颜色浓重，本文认为其归属于青玉类比较合适，称为烟青玉，紫色调重的可称为紫青玉。烟青玉丰富了软玉的俏色品种，制成品中的青虾、鸽子（灰雨点）、黑白双欢（獾）等都很有创意。颜色黝黑的可以制作玉佩小件，外观可以与传统的墨玉媲美。

青海翠青玉

翠青玉

浅翠绿色，其绿色特征似嫩绿色翡翠，与青玉、碧玉的绿色有明显的不同。这部分绿色软玉很少单独产出，而是附于白玉、青白玉原料的一侧或形成夹层、团块，分布常与絮状、斑点状石花有关。其制成品中有全绿（翠）的，也有在白玉、青白玉雕件饰品中构成俏色的，这在以往的和田玉产品中罕见。其全色和俏色产品一时成为玉石收藏的热点。业内有人称其为青海翠玉、昆仑翠玉，这样称呼是不符合国家宝玉石名称标准的，容易产生混乱。应该称其为翠青玉，归属于青玉一类。其内含物特征是与绿色有关的沙点状、絮状、斑点状石花。

糖玉

青海软玉中也有糖色玉品种。主要为浅黄褐色比较均匀的糖色浸染和斑点状的黑褐—黄褐色翳色糖。其糖色要么集中形成黑褐色斑点，要么色浅又散（俗称串糖），对俏色贡献不大，对玉质破坏不少，可利用价值较低。

青海含糖色的玉料

翡 翠

分布与矿物特征

翡翠又称硬玉、辉石玉，主要产于缅甸度冒（Tawman）地区附近的橄榄岩蚀变的蛇纹岩及冲积砾石层的大型矿床中。翡翠是辉石族钠辉石组中的一个矿物品种，其化学成分为钠、铝的硅酸盐，摩氏硬度为6.5～7，比重3.33，半透明至微透明，颜色有绿、红、黄、白、紫等，以纯正、均匀、浓艳翠绿色、质地温润细腻、透明度好者为上品。微量的铬（Cr）是造成翡翠具有翠绿色的主要元素。

翡翠玉料

缅甸是世界闻名的翡翠矿石开采地。缅甸翡翠矿区位于北部密支那地区，在克钦邦西部与实皆省交界线一带，亦即沿乌龙江上游向中游呈北东—南西向延伸，长约250公里，宽约60～70公里，面积约3000平方公里。人们至迟在公元13世纪就在开采乌龙江流域冲积物中的翡翠了。公元13世纪以后，缅甸就一直是世界上优质翡翠的主要出口国和供应国，但其原生翡翠矿床直到1871年才被发现。

缅甸翡翠矿床可分为两大类，原生矿床和次生矿床。缅甸北部的原生翡翠矿床产于蛇纹石化的橄榄岩内，蛇纹石化橄榄岩岩体南北长18公里，东西宽6.4公里，靠近岩体与蓝闪石片岩等超高压和高压变质岩系的接触带，并以岩脉或岩墙形式沿一定方向延伸，按一定角度向地下倾斜。原生翡翠矿床由于长期深埋在地表以下，未遭受外力地质作用的侵蚀和运移，所以比较坚硬，因而开采也比较艰难。

缅甸翡翠原生矿床主要分布在三个地区，即雷打场区和龙肯场区的西部和北部。次生矿床主要为次生砂矿床，分为沿乌龙江河床的河漫滩沉积翡翠砂矿和远离河床的高地砾石层翡翠砂矿。河漫滩沉积翡翠砂矿主要分布在乌龙江主河道的两侧，在帕敢场区最为发育（当地称为水石），翡翠质量较高。

翡翠地

翡翠地是翡翠的绿色部分及绿色以外部分的干净程度与水（透明度）及色彩之间的协调程度，以及"种""水""色"之间相互映衬关系。民间称"地"为"地张"或"底障"等。翠与翠外部分要协调，如翠好必须翠及翠外部分水要好才映衬协调，若翠很好但翠外部分水差、杂质脏色多，称"色好地差"。翠的"水"与"种"要协调，如"种"老色很好，水又好，杂质脏色少，相互衬托，能映衬出翡翠的俏丽、润亮及价值来。"地"的结构应细腻，色调应均匀，杂质脏色少，有一定的透明度，互相照应方能称"地"好。好的"地"称玻璃地、糯

翡翠手镯
（上海城隍珠宝总汇提供）

化地、蛋清地。不好的"地"称石灰地、狗屎地等。水不好的翡翠称"底干"。

翡翠色

翡翠色，是指颜色，色正、浓、翠为上品。翡翠的颜色是翡翠质量最重要的指示，它可在估价中占30%～70%的份额。从浓绿—白色，其间色彩变化万千。描述翡翠颜色价值的最重要的就是四个字"浓、正、阳、和"。浓，指翡翠的色要绿浓、绿色多，玉中翠绿愈多愈浓，则价值愈高，但如太深暗则会沉，因而还要求色正。正，即翡翠的翠绿要纯正，不偏蓝、不发黄、少杂色，也就是所谓的不"邪"。阳，指绿色要鲜艳，在一般光线条件下呈现艳绿色，不阴暗、不低沉。和，指一块玉中绿色的分布应均匀，色调和谐而不杂乱。通过这四个字，就能具体评估一块翡翠的颜色好坏了。

翡翠套饰（上海城隍珠宝总汇提供）

翡翠水

翡翠的水是指它的透明度，也称水头。指翡翠的透光性，也就是翡翠的透明程度，行家将水分为一到三分，由低到高透明度逐渐增加，三分水最透明，玻璃种就是三分水。另一个常用的名词叫"地儿"，也有行家叫"底水""底障"，实际上都是在说翡翠的透明程度，它是由翡翠结晶颗粒的大小、翡翠毡状结构的细密程度决定的，结晶颗粒越小，毡状结构越致密，翡翠的适明度越高，种水越佳。

翡翠种

"千种玛瑙万种玉"，也是指翡翠颜色、种份非常多样，不能像钻石一样简单分级。看种份是看翠的关键，俗话说"外行看色，内行看种"，又如"种好遮三丑"，也是指的透光性佳的翡翠，能遮盖翡翠的其他缺陷。

翡翠行业称的种，有广义、狭义两种意思。狭义主要指的是翡翠的透光性（透明度），广义

翡翠观音（上海城隍珠宝总汇提供）

所指翡翠的种，是指翡翠的种类。例如，花青种、豆种等。现在一般认为，种是指翡翠的结构和构造。是翡翠质量的重要标志。翡翠的"种"也叫"种份"，指的是结晶颗粒的粗细大小，结晶颗粒越小，种越好，结晶颗粒越大，种越差。粗分为老种、新种、新老种。新"种"（也称新坑新厂等）的翡翠，质地疏松，粒度较粗且粗细不均，杂质矿物含量较多，裂隙及微裂隙较发育，但不一定透明度就差，比重硬度均有下降。老"种"（也称老坑老厂等）的翡翠，结构细腻致密，粒度微细均匀，微小裂隙不发育，它的硬度比重最高，是质量较好的翡翠。但不一定透明度就好。新老种翡翠介于新种和老种翡翠之间，是残积在山坡原地的翡翠，未经自然搬运或短距离自然搬运的翡翠。新种翡翠是制作翡翠B货的原料。有专家将其分为：老坑种、干青种、墨翠、乌鸡种、铁龙生种、油青种、金丝种、雷劈种、马牙种、花青种、八三花青、白底青种、豆种、芙蓉种、玻璃种、冰种、紫罗兰、紫青玉、黄色的翡翠、红色翡翠、福禄寿、粉彩种等共22种。

开采与使用历史

"翡翠"一词出现很早，原指一种鸟的两种羽毛颜色。汉代许慎《说文解字》云："翡，赤羽雀也；翠，青羽雀也。" 也有雄鸟为翡，雌鸟为翠的说法。这种鸟生长在中国的西南地区，是类似于孔雀的彩羽鸟。但古代何时以翡翠一词专指硬玉，尚不得而知。目前所见最早的翡翠制品，是清代中期以后的，因此翡翠大量传入中国内地，应是在18世纪末至19世纪初。翡翠初传入中国时，并未受到重视，价格也低于和田玉。慈禧太后当政时，独爱翡翠，经常向各地摊派索要翡翠制品，于是助长了民间的效仿之风，翡翠山子、带钩、方牌、手镯、项链

清代翡翠戒指

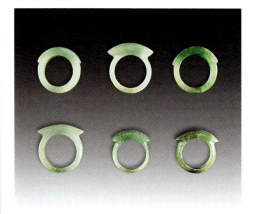

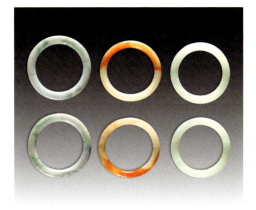

清代翡翠串饰

清代翡翠手镯

民国翡翠扳指

清代翡翠翎管

成为当时最时尚的玉器，价格也逐渐超过以和田玉为代表的中国软玉。

　　翡翠虽美，但其开采却十分艰难。高地砾石层翡翠砂矿是由石头、土和翡翠玉石组成的山丘，工人们首先要用炸药将坚硬的地方炸松，然后用怪手挖掘并将其高高举起，慢慢地倒向一边。倒土的地方有几个有经验的工人将翡翠玉石挑选出来，每台挖掘机边均有3～4人在挑选。挑选后的土再运到另一地方进行第二次挑选，然后再将废土运出倒掉。这样一层一层地往下挖，直至把整座山挖完，翡翠原石很少，几天挖不到翡翠玉石也是常有的事。翡翠原石只有在旱季才能开采，而旱季只有不到半年的时间。挑选出来的翡翠玉石运到开采商指定的地方，由有经验的人

清代"人物山水"图翡翠山子

用灯光照射，再根据翡翠玉石外表的表现以及其他的特征，来确定翡翠玉石是否有用。这样，开采出来的翡翠玉石就有一部分被淘汰掉。剩下的翡翠玉石，再由有经验的人画线，由工人根据所画之线将翡翠玉石锯开。据了解，有经济价值的翡翠玉石还不到所开采翡翠玉石量的30%，精品翡翠玉石就更难发现。翡翠具有高度稀缺性，翡翠玉石是不可再生的稀有矿产。目前全世界达到珠宝级的翡翠只产自缅甸的帕敢等地区。随着现代化开采机械的使用，翡翠玉石矿藏被过度开采，目前面临枯竭的危险，特别是高档翡翠，越来越难以找到。这就使得翡翠制品特别是精品翡翠制品价格越来越高。

玉料的检测

目验法

目验法是一种传统的鉴别古玉玉料的方法，即通过肉眼对玉料的物理性质，如质地、颜色、光泽、透明度等进行观察，并辅以一些简易测试，如用小刀或硬度笔测试硬度等，以初步判断玉质种类。该方法主要依据鉴定者的经验，简单易行，而且对古玉器无损。但这种方法也有局限性。由于古玉表面曾经抛光，又经次生变化受沁，有时可变得面目全非，故不能完全准确地确定玉器的矿物结构成分。

地质矿物学家和考古工作者曾以目验的方式对河南三门峡西周虢国墓地出土的玉器进行了玉质鉴定。经鉴定分析，玉器质地有绿松石、玛瑙、水晶、白玉、青白玉、青玉、碧玉、墨玉、斑杂状青玉、角砾状青玉、青玉的玉根、青玉的玉皮、岫玉（蛇纹石玉）、车渠（贝壳）、琉璃（料制品）等。其中以软玉为主，特别是璧、璜、环、玦、柄形饰、佩饰、刀、戈之类皆以软玉制作，绿松石和玛瑙以制作珠为主。绿松石的产地主要是湖北西北部的郧县和陕西南部的月儿潭。玛瑙可能产自当地，但最佳者（红色）则产自东北。软玉大部分为新疆和田玉，也有一些可能来自当地不知名的玉矿。

仪器检测法

仪器检测是指用现代科学仪器对玉料的物理结构和化学成分进行观察和化验，依据检测数据来判断玉料矿物成分。1863年，法国矿物学家德穆尔（Alexis Damour）用仪器对被英、法联军劫掠到欧洲的清朝圆明园皇家和田玉和翡翠玉器进行了检测，并将其比重、硬度、化学成分、分子式以及显微结构等检测结构公之于世。这是世界上首次以科技手段揭示玉料的矿物学特征。德穆尔还按硬度的不同，称和田玉为软玉（Nephrite），翡翠为硬玉（Jadeite）。

1948年，我国考古学家李济对殷墟等地出上的62件玉器做了比重和硬度测定，结果多数标本的比重在2.9～3.1之间，摩氏硬度大半在6～7。20世纪70年代以来，地质工作者将科学仪器和技术鉴定的方法引入了古玉鉴定领域，如偏光显微镜、化学分析、光谱分析、油浸法、X光照相分析等。河北满城西汉中山王墓和河南安阳殷墟妇好墓出土的玉器以及江浙一带新石器时代的良渚文化玉器，就是用科学方法鉴定的。这些方法比较准确地确定了一些玉器的矿物成分。研究古玉的显微结构，需要有高精度的仪器才能进行，因为普通光学显微镜仅能放大数百倍，而质量较好的软玉均需放大1000倍以上才能较清晰地观察其显微结构。

近年来，又有学者采用了具有世界水平的对透闪石玉器的鉴定方法——室温红外吸收光谱、扫描电子显微镜和拉

扫描电子显微镜下拍摄的透闪石纤维结构

专家正操作拉曼光谱仪检测玉器

曼光谱仪。室温红外吸收光谱利用分子振动模式与频率特征，有对矿物的分辨能力较强和用量较小的特点，其标准样量为1毫克，就可计算铁和镁的占位率以区分透闪石与阳起石。扫描电子显微镜一般只需几个粉末颗粒即可制样观察其结构，只要粉末颗粒显著大于显微结构的基本组成单位即可。这两种方法的另一优点是样品用量极少，共需约1毫克，若在古玉原有伤残或不起眼处小心取样，可达到近似无损分析的效果。陕西沣西西周墓、广州西汉南越王墓和辽河流域新石器时代的部分玉器就是用这种方法鉴定的，利用这两种方法还纠正了原来鉴定结论中的一些错误之处。拉曼光谱仪则可对玉器进行无损分析，测定器物的质料。

仿古玉所用常见玉料

　　在鉴定古玉时，要特别注意识别玉料的质量。俗话说："好玉不做旧"，原因之一是旧玉中好玉非常少，仿之工大价高；其二，好玉不易沁色，蚀染的色是浮色，浮在表面，没有旧意，所以好玉不做旧。做旧的玉是次玉，常是有绺裂、杂质的玉，这种玉质地粗糙、软硬不均，蚀变的沁色往往深浅不一，可深入内部，往往有与古玉同样的沁色效果，所以做旧多以次玉为之。

　　目前仿古所用玉料分优劣两种。劣等玉料严格来说并不是真正的玉料（即透闪石），而是用外表似玉的玻璃、塑料、方解石、石英岩、蛇纹石玉和玉粉制品来冒充。

　　似玉的玻璃制品一般为圆雕的人物和动物雕件，呈乳白色，外表近似和田白玉，很纯净，但透明度较高，缺乏温润感，仔细观察有小气泡，崩裂处反光较亮。由于器物是浇铸成型的，所以细部刻画较粗糙。

　　似玉的塑料制品一般为香炉造型，上部为球形，表面浮雕双龙戏珠纹饰，下部为香炉，炉底有"大明宣德年制"等款。此类器物外表颜色较白，无光泽，有人工做旧痕迹。敲击无天然矿物清脆之声，以刀刻之较软，提之分量较轻，若重则是其内灌以沙土，戳漏后沙土即流出。

　　似玉的方解石俗称"阿富汗玉"，成品大至立佛、菩萨，小至牌子，种类繁多，颜色有白、黄、绿等，质地纯净。有的白色方解石制成和田籽料形状，外表染成红色，冒充籽料的皮色。方解石硬度非常低，只有2～3度，甚至用指甲可划动，用硬物一测可辨。

似玉的石英岩硬度较高，可达7度，有的冒充和田籽料，有的雕成白色小挂件。石英岩制品透明度较高，裂纹无规律，纵横交错，用硬物可擦出火星。

似玉的岫岩玉指蛇纹石或蛇纹石化大理岩制品，颜色为深浅不一的黄绿色，在仿古玉中使用得非常广泛，外表往往染上红、黑等重色，但其硬度只有3～4度，用刀子即可划动。

玉粉制品是用磨成粉末状的玉和石英人工压制而成，外观和硬度近似天然玉料，但透光观察没有天然矿物的纹理。

优等玉料是指以真正的透闪石—阳起石为原料的玉料，目前常见作伪所用玉料有青海料、俄罗斯料和岫岩闪石玉。青海料和俄罗斯料都是20世纪90年代初期开发出来的，在市场上多冒充和田玉料销售，但温润程度不如和田玉。青海玉储量大，开采容易，价格便宜，已成为目前仿古玉料的主流。特别是仿制清代大件炉、瓶、人物等，非它莫属。

俄罗斯玉料产于俄罗斯远东西伯利亚的东、西萨彦岭，矿物成分为透闪石，颜色有白、青白和青色，多杂有墨点和糖色，有山料和籽料之分。俄罗斯玉料储量和产量都较大，质量高于青海玉，价格也较高。一些体形较小的明清玉件，如手把件、子刚牌等，就是用俄罗斯玉料制作的。

岫岩软玉开采历史悠久，距今5500年的红山文化玉器，大部分是用岫岩软玉制作的。目前很多仿红山文化玉器就是用岫岩软玉制作的，由于原料古今一致，所以不易鉴定，必

石英岩籽料

用青海玉料制作的仿清代玉瓶

俄罗斯玉料

须参考其他鉴定标准（如雕工、形制、沁色等）才能确定。另外，岫岩玉中还有一种粗结晶透闪石，表面粗糙，无透明感，用于仿制的所谓红山文化玉器大型圆雕，表面常染成黑色或红褐色。